NATIONAL GEOGRAPHIC

Per Jensen

Wie Tiere *fühlen*

... und warum wir mit unseren Nutztieren respektvoll umgehen müssen

FOTOGRAFIE: **LINDA PRIEDITIS**

INHALT

VORWORT

Fast jeder von uns hat ein natürliches Gespür für Tiere und ihre Empfindungen. Das kommt daher, dass Tiere seit Menschengedenken einen lebenswichtigen Anteil an der menschlichen Existenz haben, zunächst in Form von Bedrohung oder als Beute, später dann als Haus- und Nutztiere. Das Gespür für ihre Gefühle fußt daher zu großen Teilen auf Instinkten, die über tausende von Generationen an uns weitervererbt wurden. Heute spüren wir vor allem zum Hund oder der Katze zu Hause oder zum Pferd in der Reitschule eine enge Bindung. Zu den häufigsten Tieren in unserer unmittelbaren Nähe haben dagegen nur noch wenige von uns einen Bezug. Etwa 1 % der Bevölkerung widmet sich den Millionen von Schweinen, Kühen und Hühnern, aus denen unser Essen produziert wird, der Rest von uns kann durchs Leben gehen, ohne jemals einem von ihnen in die Augen gesehen zu haben. Seit unser Kontakt mit ihnen nur noch in Form von Würstchen im Supermarkt stattfindet, schwindet unser Gespür für Nutztiere zusehends. Viele Menschen haben vielleicht noch nie einen Gedanken daran verschwendet, dass Fleisch, Milch und Eier von Geschöpfen mit ausgeprägt entwickeltem Seelenleben stammen. Welche Bedeutung hat es, wie diese in den landwirtschaftlichen Betrieben, während eines Transports und bei der Schlachtung behandelt werden? Ist es möglich, ein Tier, das man nicht kennt, voll zu respektieren und zu verstehen?

Der eine oder andere fragt sich vielleicht, ob es wirklich wichtig ist, in einer Welt, in der Millionen von Menschen Hunger leiden oder auf der Flucht sind, Energie auf die Gefühle von Tieren zu verwenden? Manchmal wird behauptet, dass Menschen, die sich für das Wohl von Tieren einsetzen, kein Interesse an ihren Mitmenschen und all dem Leid um sie herum hätten. Meiner Erfahrung nach ist es umgekehrt. Unter all den Menschen, die ich treffe und die sich hingebungsvoll um Tiere kümmern, engagiert sich eine überwältigende Mehrheit außerdem für andere Menschen. Sie spenden an Kinderhilfsorganisationen und opfern ihre Freizeit, um Geflüchteten zu helfen. Es besteht ganz einfach kein Widerspruch zwischen dem Mitgefühl mit Tieren und allgemeiner Mitmenschlichkeit. Und vielleicht ist der Unterschied zwischen dem Seelenleben der Tiere und unserem eigenen gar nicht so groß, wie man denkt. Wie sollen wir das wissen?

Früher beruhten die Gedanken, die sich Menschen über Tiere machten, auf generationenlanger Erfahrung, die bereits mit der Muttermilch aufgesogen wurde. Diese Kenntnisquelle ist größtenteils versiegt, doch glücklicherweise hat stattdessen die Wissenschaft enorme Fortschritte gemacht. Fakt ist, dass die Forschung dazu beigetragen hat, dass wir heute mehr als jemals zuvor über Gefühle, Gedanken und kognitive Eigenschaften von Tieren wissen, die nach ihrem Tod die Grundlage der meisten unserer Kochrezepte bilden. Das Buch, das Sie in Händen halten, fasst einen Teil dieser neuen und spannenden Erkenntnisse zusammen. Ich hoffe, dass dieses Wissen größeren Respekt und mehr Mitgefühl für all die Tiere, für die wir eine gemeinsame Verantwortung tragen, zur Folge haben wird. Unabhängig davon, ob Sie tagtäglich die Tiere auf einem Hof versorgen oder ob Sie diese einfach nur essen, nachdem sie geschlachtet, zerlegt und verpackt wurden, ändert es nichts daran, dass unsere gemeinsamen Beschlüsse und Vorstellungen entscheidend für ihre Lebensqualität sind. Und diese Verantwortung verpflichtet.

Ebenso wie bei früheren Büchern konnte ich auch diesmal wieder auf die unschätzbare Unterstützung von Elisabeth Fock und Maria Nilsson bei meinem schwedischen Verlag Natur & Kultur zählen. Es ist immer ein Kompliment und ein Vertrauensbeweis, ein Buch herauszugeben, und ohne all die Hilfe des Verlages wäre das nicht möglich gewesen. Die gefühlvollen und schönen Bilder von Linda Prieditis komplettieren den Text und ich bin sehr froh über unsere Zusammenarbeit. Wie immer war die mir wichtigste Diskussionspartnerin meine Lebenspartnerin Mona, ein Mensch mit unendlich großem Herzen, in dem sowohl Schweine, Kühe, Hühner und Hunde als auch Menschen aus aller Welt Platz finden.

Per Jensen

01.

EIN GESPÜR FÜR TIERE

»Hühner können gelangweilt sein, Schafe fühlen sich anderen in der Herde zugehörig und Kühe sehnen sich nach dem Kalb, das ihnen direkt nach der Geburt weggenommen wurde.«

HUHN ODER LEBENSMITTEL

LETZTENDLICH hat ein schreckliches Erlebnis zu diesem Buch geführt. Ich war etwa fünf Jahre alt und lebte mit meiner Familie im Stadtzentrum in einer engen kleinen Wohnung im dritten Stock. Ich träumte davon, Tiere haben zu dürfen, aber meine Eltern erklärten mir immer und immer wieder, wie schwierig, um nicht zu sagen, unmöglich es mit all den Bürgersteigen und asphaltierten Spielplätzen sein würde, Haustiere zu halten.

Eines Tages besuchten wir eine nahe Verwandte, die auf dem Land lebte. Dort gab es alle möglichen Tiere. Ich erinnere mich nicht gut an den Besuch selbst, daran, was wir gegessen und getrunken oder worüber wir gesprochen haben. Beinahe die gesamte Zeit verbrachte ich draußen bei den Tieren. Die Ferkel sprangen mir um die Füße, spielten und waren neugierig. Die Hühner schlenderten und stolzierten auf dem Hof umher, wie es ihnen gefiel. Ein neugieriger Schäferhund folgte mir die ganze Zeit auf Schritt und Tritt und überwachte alles, was ich tat. Ich fühlte mich wie im siebten Himmel.

Der Tag verging und es wurde Zeit, die Familie in den kleinen Volkswagen zu verfrachten, um nach Hause zu fahren. Gerade als ich ins Auto steigen wollte, wandte sich mein Vater mir zu und sagte: »Geh und frag, ob wir ein Huhn mit nach Hause nehmen können.« Die Freude, die mich erfüllte, ist kaum zu beschreiben. Er hatte offenbar plötzlich seine Meinung geändert und ich sollte in unserer kleinen Wohnung ein Huhn halten dürfen!

Als ich zum Wohnhaus hinauflief, um zu fragen, sah ich bereits vor mir, wie ich das Huhn füttern und mich darum kümmern würde. Ob es möglich wäre, es so zu zähmen, dass ich mit ihm spazieren gehen konnte? Könnte es vielleicht in einer Kiste in der Küche wohnen? Es waren die unrealistischen Träume eines Fünfjährigen, aber mein Glück war vollkommen, als meine Verwandte ohne Weiteres Ja sagte.

Umso größer war der Schock, als sie gleich darauf ein großes buntes Huhn einfing und ihm ohne Pardon vor meinen Augen den Hals umdrehte. Nach einer Weile wilden Flatterns wurde es in ihren Händen ganz ruhig und bewegte sich nicht mehr. Der jetzt schlaff herunterhängende Körper wurde Papa übergeben, der sich bedankte und erklärte, wie das Huhn zu einem schönen Sonntagsessen verarbeitet werden sollte.

All das geschah in bester Absicht, weder Papa noch unsere Verwandte konnten sich vorstellen, dass ich gehofft hatte, ein Huhn als Haustier zu bekommen. Für sie war ein lebendes Huhn nichts weiter als eine noch nicht zubereitete Mahlzeit. Doch in meiner kindlichen Welt war mir noch nicht ganz aufgegangen, dass die Tiere, die wir essen, kurz zuvor noch herumgerannt sind, Schabernack getrieben, gespielt und das Leben genossen haben.

Vielleicht wurde just in diesem Moment nach einem unbewussten Plan meine spätere berufliche Laufbahn festgelegt. Als Erwachsener habe ich jahrzehntelang erforscht, wie unsere Haus- und Nutztiere denken, fühlen und sich verhalten. Ich habe die internationale Forschung verfolgt, unzählige Stunden mit Kollegen verbracht, die sich mit denselben Themen beschäftigen, und noch mehr Zeit mit den Tieren selbst. Die Wissenschaft ist oft distanziert und emotionslos, man misst Hormone, wertet genetische Varianten aus und analysiert mit aufwendigen statistischen Methoden Verhaltensmuster. Aber ich habe auch einmal 24 Stunden mit einem freilaufenden Hausschwein im Wald zugebracht, das sein ganzes Herzblut darauf verwendete, ein Nest für seine Ferkel zu bauen, die es in Kürze zur Welt bringen sollte. Hat man das gesehen, kann man sich des Eindrucks nicht erwehren, dass die Gefühle dieses Schweins sich vielleicht gar nicht so sehr davon unterscheiden, was eine menschliche Mutter für ihr neugeborenes Kind empfindet.

Zweierlei Maß

Die meisten von uns kommen nie in Kontakt mit den Tieren, die wir essen, zumindest nicht, während sie noch am Leben sind. Vielleicht ist das der Grund dafür, dass es so leichtfällt, ihr Gefühlsleben und ihre Gedankenwelt kleinzureden. Etwa 1 % der Bevölkerung ist in der Landwirtschaft tätig. Die übrigen 99 % der Schweden besuchen selten oder nie einen Bauernhof. Wenn man einem Schwein nie näher kommt als in Form eines in Plastik verpackten Koteletts an der Kühltheke und Hühner sich ausschließlich als gefrorene Hühnchenfilets präsentieren, kann es schwierig sein, den Bezug zum lebendigen, fühlenden und denkenden Lebewesen herzustellen, das den Ursprung der Produkte bildet. Das bedeutet aber nicht, dass es den Schweden an Kontakt mit Tieren mangelt. Mehr als 800.000 Hunde, über eine Million Katzen und etwa 400.000 Pferde leben in enger Beziehung mit ihren menschlichen Familien zusammen. Hunde und Katzen schlafen in unseren Betten und diktieren unseren Alltag. Ein ansehnlicher Anteil aller Tierbesitzer wählt Wohnsitz und Auto entsprechend der Bedürfnisse der Tiere.

Wer einen Hund oder eine Katze besitzt, hegt selten Zweifel daran, dass sie Gefühle haben, die den unseren ähneln. Die Forschung bestätigt dies. Selbstverständlich empfindet das Tier Angst, Hunger, Durst und Wut ebenso wie wir, aber das Gefühlsleben der Tiere umfasst darüber hinaus noch bedeutend mehr Facetten. Ich habe bereits in mehreren Büchern, z. B. in »Der missverstandene Hund«, von zahlreichen wissenschaftlichen Studien berichtet, die u. a. zeigen, dass Hunde Empathie gegenüber Menschen fühlen können – und Eifersucht, wenn sie sich übergangen fühlen. Sie haben ein gutes Zeitgefühl und können sich relativ einfach in die Empfindungen und die Gedankenwelt anderer hineinversetzen, was sie sich zunutze machen, um z. B. hinter dem Rücken ihrer Besitzer etwas anzustellen. Ein belegtes Brot verschwindet leicht vom Tisch, wenn niemand den Hund sieht, aber er würde es niemals nehmen, wenn er wüsste, dass er beobachtet wird.

Wenn man bedenkt, wie leicht es uns fällt zu akzeptieren, dass Hund, Katze und Pferd ähnlich wie wir selbst empfinden, ist es merkwürdig, wie anders viele von uns das Schwein oder die Kuh sehen. Sie sind ja auch Säugetiere, die in Herden leben, und es gibt keinen Grund zu glauben, dass ihre Gedankenwelt und ihr Gefühlsleben sich maßgeblich von denen eines Hundes unterscheiden sollten.

Wie alles begann

Das Leben der Menschen war schon immer ganz eng mit Tieren verknüpft. 30.000 Jahre alte Höhlenzeichnungen sind die ältesten »Dokumente«, die unsere Vorväter hinterlassen haben. Sie alle zeigen ein und dasselbe Motiv: Tiere.

Sie waren eine Voraussetzung für das Überleben. Die Menschen waren Jäger und Sammler, ohne das lebenswichtige Fleisch konnte man die Familie, den Clan und die Kinder nicht versorgen. Die geschicktesten Jäger waren solche, die das Verhalten der Beutetiere am besten deuten konnten. Sie wussten, wann diese von einem Gebiet ins nächste weiterzogen, was sie am liebsten fraßen, ob sie mit anderen zusammenlebten, wann sie Junge bekamen und wie man sie am besten überlisten konnte. Unsere Vorväter wussten viel über die Gefühle der Tiere, ihre Art zu denken und zu planen und darüber, woran sie sich erinnern.

Aber das Leben auf der Erde schlug schon bald eine andere Richtung ein. Eine neue Ära naher Beziehungen zu Tieren wurde eingeläutet, als die Domestizierung - die Zähmung zu Haus- und Nutztieren - ihren Anfang nahm. Zunächst trat der Hund in unser Leben. Das geschah vor etwa 15.000 Jahren, als die Menschen einige der Wölfe zähmten, die bereits lange Zeit in der Nähe der menschlichen Behausungen gelebt hatten.

←

Für viele ist ein lebendiges Huhn nichts weiter als eine noch nicht zubereitete Mahlzeit. Doch es treibt auch Schabernack, spielt und genießt das Leben.

Weitere 5.000 Jahre später begann man mit dem Ackerbau, und nun waren einige andere Tiere an der Reihe, domestiziert zu werden. Die wilden Schafe, Ziegen und Schweine, die bereits rund um die neuen Anbauflächen herum lebten, wurden selbstverständliche Ziele für die frühe Zähmung. Kurz darauf kamen Rinder dazu, die Milch, Fleisch und Arbeitskraft boten.

Noch etwas später wurden hunderte von Kilometern nördlich der frühen bäuerlichen Gesellschaft an der östlichen Mittelmeerküste wilde Pferde domestiziert. Hengste mit ihrem starken Willen und ihrer Muskelkraft waren besonders schwer zu zähmen, deshalb war es wichtig, diejenigen, bei denen es geklappt hatte, überallhin mitzunehmen, wohin die Menschen zogen. Stuten waren etwas sanfter, weswegen man neue Stuten zähmen konnte, wo immer man auf sie stieß. Aus diesem Grund sind bis heute alle domestizierten Hengste weltweit Nachfahren der wenigen Exemplare, die zu Beginn gezähmt wurden, wohingegen Stuten von deutlich weitläufigerer Herkunft sind. Möglicherweise war zu Beginn die Milch der Stuten am wichtigsten, doch bald wurde das Pferd auch als vielseitige Arbeitskraft unentbehrlich.

Weiter östlich, im heutigen Nordindien, zog ein ganz anderes Tier die Aufmerksamkeit der Menschen auf sich. Das schöne und bunt gefiederte Bankivahuhn, auch Rotes Dschungelhuhn genannt, legte seine Eier zwar in gut versteckte Nester, aber geschickte Jäger und Sammler entdeckten sie doch. Die Eier stellten einen wertvollen Beitrag zur Ernährung dar. Irgendwann fand man heraus, dass es relativ einfach war, sie auszubrüten, indem man sie drei Wochen lang nah am eigenen Körper warm hielt, und dass die kleinen Küken nach dem Schlüpfen einfach zu handhaben waren. Sie wurden direkt auf den Menschen geprägt, der die Eier getragen hatte, fanden ihre Nahrung selbst und ließen sich schnell in den Dörfern ansiedeln. Die Milliarden von zahmen Hühnern, die es heute gibt, stammen alle von den Nutztieren dieser frühen Eiersammler ab.

In Anbetracht dieser frühen Erfolgsgeschichte könnte man leicht dem Glauben verfallen, dass es einfach genauso weiterging, dass Art für Art zu neuen Haus- und Nutztieren wurde. Doch der Domestikationseifer nahm vor etwa 8.000 Jahren wieder ab. Die knapp tausend Säugetiere und weniger als ein Dutzend Vögel, die während dieser ersten Welle in der frühen bäuerlichen Gesellschaft domestiziert wurden, sind weitestgehend dieselben Tiere, die uns auch heute noch mit Essen und anderen nützlichen Dingen versorgen.

Später wurden nur noch vereinzelt Tierarten domestiziert - aus unterschiedlichen Gründen. Die Katze fühlte sich von den Getreidevorräten der Bauern angezogen, in denen es reichlich Mäuse und Ratten gab. Ob sie wirklich domestiziert wurde oder ob sie schlicht selbst entschied, unter Menschen zu leben, ist unklar. Größeren Einfluss auf ihre Fortpflanzung haben Menschen in der Geschichte jedenfalls nicht gehabt. Kaninchen und Fische unterschiedlicher Arten sind ebenfalls erst später dazugekommen. Im Großen und Ganzen hat letztlich nur eine geringe Anzahl von Tierarten die Reise vom Wild- zum Haus- oder Nutztier angetreten. Ihre Bedeutung für die weitere Entwicklung des Menschen kann jedoch nicht hoch genug eingeschätzt werden.

Nutztiere und die menschliche Zivilisation

Der amerikanische Forscher Jared Diamond hat in mehreren Büchern und Artikeln die enorme Bedeutung der Nutztierhaltung für die Entwicklung des Menschen beschrieben. Er meint, dass die Schreib- und Rechenkunst auf die Domestizierung und den Einzug der Landwirtschaft zurückzuführen ist. Dieser historische Wandel machte es notwendig, Mein und Dein, Schulden sowie Forderungen und Regeln für die Verteilung dessen, was produziert wurde, im Blick zu behalten. Für nichts davon hatte es jemals zuvor in der Epoche der Jäger und Sammler eine Notwendigkeit gegeben. Auch ein Bedarf, zu schreiben, zu rechnen und zu dokumentieren, war bis dahin nicht vorhanden gewesen. Auf den beginnenden Ackerbau folgten neue Technologie und der regelmäßige Zugang zu Nahrung brachte einen explosionsartigen Bevölkerungszuwachs mit sich.

Viele der Seuchen, die zu unterschiedlichen Zeiten massenhaft Menschen hinweggerafft und die Weltkarten neu gezeichnet haben, hatten ihren Ursprung in unseren Haus- und Nutztieren. Masern, Tuberkulose und Influenza stehen beispielhaft für ansteckende, epidemische Krankheiten mit hoher Sterblichkeitsrate. In den dicht bevölkerten neuen bäuerlichen Gesellschaften breiteten sie sich schnell und unbarmherzig aus. Wer jedoch eine Infektion überlebte, hatte eine unschlagbare Waffe in Händen: Er war immun.

Als sich später in der Geschichte die Eroberungszüge über Länder und Kontinente ausdehnten, in denen noch keine Domestizierung stattgefunden hatte, wurden die epidemischen Krankheiten zu einer unerwarteten und effektiven Kriegswaffe. Die indigenen Bevölkerungen in Südamerika, Australien und dem südlichen Afrika mussten nicht mit Schwertern und Speeren bekämpft werden. Sie steckten sich an und starben in großer Zahl an den Viren, die von den bereits immunen Eindringlingen über deren Haus- und Nutztiere mitgebracht wurden. So verbreitete sich die bäuerliche Kultur schnell über die ganze Welt.

Unser Gespür für Tiere

Die Landwirtschaft hat uns Menschen in vielerlei Hinsicht verändert, nicht nur unsere Kultur und unsere Art zu leben. Unsere biologischen Funktionen haben sich schnell auf vielfältige Weise an das Zusammenleben mit Tieren angepasst. Beispielsweise haben Menschen eine genetisch bedingte Widerstandskraft gegen viele der Krankheiten, die ich oben beschrieben habe, entwickelt. Auch Gene, die es Erwachsenen ermöglichen, Milch zu trinken und sich von einer großen Menge an Kohlenhydraten und gesättigten Fetten zu ernähren, sind nahezu weltweit verbreitet. Unser Stoffwechsel unterscheidet sich tatsächlich radikal von dem unserer Vorfahren, der Jäger und Sammler.

Sogar unser Gespür für Tiere hat sich weiterentwickelt. Die Forschung hat sich vor allem dem Zusammenspiel zwischen Mensch und Hund, unserem ältesten Haustier, gewidmet. Man ließ beispielsweise verschiedene Personen aufgezeichneten Hundegeräuschen lauschen und bat sie einzuschätzen, was der entsprechende Hund fühle. Menschen sind durchweg gut darin. Sogar kleine Kinder, die selbst keinen Hund haben, können relativ einfach unterscheiden, ob sie da einen ängstlichen, einen einsamen oder einen wütenden Hund bellen hören. Das instinktive Gespür für die Gefühle dieser Tiere scheint angeboren zu sein.

Das lässt sich einfach begründen. Die Fähigkeit, Tiere und ihre Denkweise zu verstehen, stellte einen wichtigen Faktor in der menschlichen Evolution dar. Wer diese Fähigkeit am besten beherrschte, gab seine Gene in größerem Umfang weiter als andere. Damit sind wir alle Nachkommen von Menschen, die gut mit Tieren zurechtkamen.

Tatsächlich gibt es Studien dazu, wie die Auslese von Tierkennern vonstattengegangen sein könnte. Der amerikanische Forscher Jeremy Koster hat isolierte Bevölkerungsgruppen in Nicaragua besucht, die bis heute als Jäger und Sammler leben. Sie jagen mithilfe von Hunden, die im Wald freigelassen werden und ein Beutetier aufspüren. Mit ihrem Gebell »rufen« sie die jagenden Männer herbei, die dann die Beute töten können. Ein geschickter Jäger hört am Bellen der Hunde, welche Art von Beutetier sie gefunden haben, und kann so entscheiden, ob die Anstrengung die Mühe wert ist. Als Koster untersuchte, welche Männer in den Dörfern als potenzielle Ehemänner am attraktivsten waren, war das Ergebnis eindeutig: Als Vater für ihre Kinder wünschten sich die Frauen vor allem einen geschickten Jäger, einen, der sich gut auf seine Hunde verstand.

Mit großer Wahrscheinlichkeit war dies in der gesamten Menschheitsgeschichte ähnlich. Das Verständnis dafür, wie Tiere denken und funktionieren, war eine Voraussetzung für den Nahrungserwerb, seit es Menschen gibt. Während der vergangenen 10.000 Jahre zeigte sich darin der Unterschied zwischen einem erfolgreichen und einem erfolglosen Bauern. Wer gestresste Kühe oder Schweine identifizieren konnte und zu beruhigen vermochte, wer mit Pferd oder Hund kommunizieren konnte und die Bedürfnisse des Huhns erkannte, konnte am Ende mit mehr Nahrung für seine Familie rechnen. Die Gene solcher Menschen tragen wir daher noch heute in uns.

Hat unser Essen Gefühle?

Die vergangenen Jahrzehnte haben eine Veränderung unserer Lebensweise mit sich gebracht, die in ihren Konsequenzen absolut vergleichbar mit der landwirtschaftlichen Revolution vor 10.000 Jahren ist. Für den Großteil der Bevölkerung wird das weitervererbte Gespür für Tiere in unserer modernen Gesellschaft nicht mehr täglich trainiert. Wir pflegen die Nähe zu Tieren, indem wir unsere beinahe zwei Millionen Hunde und Katzen verwöhnen und Zeit mit Reitpferden verbringen. Aber die Beziehung der meisten Menschen zu landwirtschaftlichen Nutztieren endet an der Kühltheke des Supermarktes. Dort gibt es sie bereits fertig zerteilt und abgepackt. Selten verschwendet man einen Gedanken daran, was diese Tiere auf den Höfen gefühlt, wahrgenommen und gedacht haben, bevor sie zu Nahrungsmitteln wurden.

Stellen Sie sich vor, wie einfach es wäre, wenn das Leben der Tiere aus nichts weiter als Reiz und Reaktion bestünde - ohne Gefühle und Reflexionen. Wenn Schweine, Hühner und Kühe nur Eiweiß-Umwandler ohne Denkvermögen wären. Wie einfach wäre dann die Art und Weise zu rechtfertigen, wie wir sie aufziehen und beschließen, ihnen das Leben zu nehmen, um sie zu essen.

So ist es aber nun einmal nicht. Die Forschung hat mit Nachdruck gezeigt, dass zwischen unserer eigenen Erlebniswelt und derjenigen, die wir bei Tieren finden, keine scharfe Trennlinie verläuft - und dass dies nicht nur für Hunde und Katzen gilt. Möglicherweise überlegen und planen sie weniger und nehmen in ihrer Umgebung andere Dinge wahr als wir, doch ihr grundlegendes Gefühlsleben ähnelt dem unseren sehr stark. Genau wie ein Hund empfindet ein Schwein nicht nur

Hunger und Durst, sondern auch Wut und Angst. Hühner können gelangweilt sein, Schafe empfinden Zusammengehörigkeit mit anderen in der Herde und Kühe können sich nach dem Kalb sehnen, das ihnen direkt nach der Geburt weggenommen wurde.

Welche Folgen hat dies für unsere Sicht darauf, wie Nutztiere behandelt werden, ehe sie zu Lebensmitteln werden? Das ist die große moralische Frage für alle, die Nahrung zu sich nehmen. Manche entscheiden sich gegen alle Produkte tierischen Ursprungs, andere wiederum versuchen vielleicht, Fleisch zu bekommen, das von Tieren stammt, die ein erträgliches Leben hatten. Unabhängig davon, welche Schlüsse man für sich zieht, ist es wichtig, die Fakten zu kennen. Es ist niemandem gedient, wenn wir wichtige moralische Entscheidungen treffen, die auf falschen Informationen beruhen. Wer glaubt, dass Schweine nur gefühllose unverarbeitete Würstchen sind, ist im Unrecht, aber das gilt auch für diejenigen, die sich vorstellen, dass Schweine über eine ganz und gar menschliche Gedankenwelt verfügen. Deshalb ist es wichtig herauszufinden, was die Forschung über das Seelenleben der Tiere zu sagen hat.

Das billige Fleisch

Wir essen mehr Fleisch als jemals zuvor. In einem Zeitraum von 25 Jahren ist der Verbrauch um beinahe 40 % gestiegen, wir Schweden verzehren im Jahr durchschnittlich nahezu 90 Kilogramm pro Person (in Deutschland liegt der Pro-Kopf-Verzehr bei etwa 60 Kilogramm). Diese Tatsache ist natürlich unmittelbar daran gekoppelt, dass Fleisch im selben Zeitraum billiger und billiger geworden ist. Am deutlichsten ist dies an Hühnerfleisch zu sehen. Unter Berücksichtigung der Inflation kostet es heute weniger als ein Viertel seines Preises in den 60er-Jahren. Diejenigen von uns, die diese Zeit erlebt haben, erinnern sich, dass Huhn ein Luxus war, den die Familie sich vielleicht einmal im Monat leisten konnte. Heute werden die feinsten Stücke für so niedrige Preise verkauft, dass jedermann sie täglich auf den Tisch bringen kann, wenn er das möchte.

Diese dramatische Preissenkung bei Fleisch hängt mit drei wichtigen Veränderungen innerhalb der Tieraufzucht und der Nahrungsmittelproduktion zusammen. Zunächst sind da die Großbetriebe. Die Anzahl der Tiere pro Hof ist in den vergangenen Jahrzehnten dramatisch gestiegen, was die Kosten für Personal, Räumlichkeiten und Maschinen im Verhältnis gesenkt hat. In heutigen Schlachthühnerfarmen leben normalerweise zwischen 50.000 und 100.000 Tiere. Der Preis sinkt, aber der persönliche Kontakt mit jedem Tier geht verloren.

Die zweite große Veränderung besteht in der Spezialisierung. Vor 50 bis 60 Jahren gab es auf einem Bauernhof üblicherweise ein paar Kühe, einige Schweine, eine Schar Hühner und dazu vielleicht noch ein paar Schafe. Heute ist man nicht nur auf bloß eine einzige Tierart spezialisiert, sondern darüber hinaus normalerweise auf eine einzelne Kategorie innerhalb dieser Art. Einige halten Säue, die Ferkel werfen, während andere die Jungschweine kaufen und sie aufziehen, bis sie im Alter von etwa sechs Monaten reif zum Schlachten sind. Die Züchter von Mastschweinen haben auf ihrem Hof kein einziges ausgewachsenes Schwein. Es gibt Bauern, die Hühner zum Eierlegen halten - die Küken, die das Fleisch bringen sollen, werden allerdings von ganz anderen Landwirten aufgezogen. Die Spezialisierung ermöglicht eine weitgehende Rationalisierung von Maschinen und Platz. Breit gefächertes Wissen über verschiedene Tierarten und deren unterschiedliche Bedürfnisse ist unter den heutigen Bauern jedoch selten geworden.

Der dritte und vielleicht wichtigste Grund dafür, dass Fleisch so billig geworden ist, ist der Fortschritt innerhalb der Zucht. Durch zielgerichtete genetische Züchtung haben Aufzuchtunternehmen erreicht, dass die einzelnen Tiere im Durchschnitt doppelt so viel wie noch vor 50 Jahren produzieren. Schweine wachsen beinahe doppelt so schnell und Kühe geben beinahe doppelt so viel Milch, ohne deutlich mehr Futter zu benötigen. Sogar in dieser Hinsicht stechen Hühner heraus: Sie brauchen heute etwa 35 Tage, um von den 50 Gramm, die sie beim

KÜHE knüpfen oft besondere Freundschaftsbänder zu anderen Artgenossen. Sie grasen zusammen, liegen beieinander und halten sich in der Nähe des anderen auf, so viel sie können.

Das HUHN war 2004 das erste Nutztier, dessen Erbmasse vollständig erfasst wurde. Dabei fand man nicht nur heraus, dass Hühner eng mit Dinosauriern verwandt sind, sondern auch, dass sie über etwa ebenso viele Gene verfügen wie wir.

Neugeborene LÄMMER sind gut entwickelt und können ihrer Mutter direkt folgen. Während Kälber durch ihre Mütter einige Tage lang abseits der Herde versteckt werden, folgt das Lamm dem Mutterschaf überallhin.

Unter FISCHEN gibt es alle erdenklichen Varianten von Familienleben. Einige schützen ihre Brut, indem sie sie im Maul herumtragen. Bei den Seepferdchen dagegen sind es die Väter, die gebären und die Nachkommen versorgen.

Ein SCHWEIN kann zehn Jahre oder noch älter werden, wenn es ein ruhiges Leben führen darf. In der Landwirtschaft werden die Tiere, die zu Schweinefleischprodukten verarbeitet werden sollen, im Alter von sechs Monaten geschlachtet und Muttertiere werden nicht zuletzt aufgrund der Strapazen zahlreicher kurz aufeinanderfolgender Schwangerschaften selten älter als drei bis vier Jahre.

Schlüpfen wiegen, auf ihre zwei Kilogramm Schlachtgewicht zu kommen. Vor 50 Jahren dauerte das noch drei- bis viermal so lange.

Die Tiere zahlen den Preis

Diese Entwicklung ist besorgniserregend. Unsere Nutztiere zahlen den Preis für unsere billigen Nahrungsmittel. Sogenannte produktionsbedingte Krankheiten sind unter allen Nutztierarten häufiger geworden. Bei Milchkühen sorgen Euterentzündungen und Klauenkrankheiten zunehmend für Kummer und ein nicht geringer Anteil der Hühner leidet unter Knochen- und Gelenkproblemen, die ihnen das Gehen erschweren.

Obwohl die Anzahl an Tieren auf schwedischen Bauernhöfen insgesamt im Zuge von Spezialisierung, Großbetrieben und Weiterentwicklung der Züchtungen gesunken ist, ist es doch immer noch eine ansehnliche Menge, aus der unser Essen produziert wird. Rund eineinhalb Millionen Rinder (Kühe und Kälber) und ebenso viele Schweine (Mutter- und Jungtiere) wurden im Juni 2017 im ganzen Land gezählt. Beinahe 100 Millionen Hühner werden jedes Jahr in Schweden geschlachtet, um unsere Nachfrage zu bedienen, und darüber hinaus wird eine große Anzahl für noch preisgünstigeren Konsum importiert. Man vergisst leicht, dass sich hinter diesen Zahlen Individuen mit Gefühlen und Empfindungen verbergen.

Die meisten Tiere, die für den Verzehr vorgesehen sind, haben, wenn sie ausreichend gewachsen sind, eine lange Reise vor sich. Immer weniger Schlachthöfe sind für eine immer größere Anzahl Tiere zuständig – deshalb müssen Schweine, Rinder und Hühner immer weiter transportiert werden, um getötet und in Lebensmittel verwandelt zu werden. Fast ein Drittel aller Schweine in Schweden wird in Kristianstad geschlachtet, nahezu ein Fünftel aller Rinder in Linköping. Um sie zu transportieren, legen Lastwagen voller Tiere jährlich etwa 40 Millionen Kilometer zurück – und darin sind die Transporte von Hühnern und Küken noch gar nicht enthalten.

Um Tiere vor Verhältnissen zu schützen, die die Gesellschaft als nicht akzeptabel ansieht, haben wir ein Tierschutzgesetz, das die Minimalanforderungen festlegt, an die ein Tierzüchter sich zu halten hat. Darunter findet sich auch ein sogenannter »Portalparagraf«, der die detaillierteren Bestimmungen enthält. So ist vorgeschrieben, dass Tiere in einer Art und Weise gehalten werden müssen, die ihre Gesundheit fördert und ihnen die Möglichkeit gibt, sich natürlich zu verhalten. Man stellt schnell fest, dass die übrigen staatlichen Regelungen nicht immer mit diesem Gesetz in Einklang sind. Wie soll ein Schwein sich auf einer Fläche von etwa einem Quadratmeter, wie das Landwirtschaftsministerium es vorschreibt, natürlich verhalten? Wie soll ein Küken lernen, sich natürlich zu verhalten, wenn es schlüpft und heranwächst, ohne je seine Mutter gesehen zu haben?

Offenbar werden die Forderungen der Produzenten nach einer machbaren Versorgung und die Wünsche der Konsumenten nach preiswertigen Nahrungsmitteln in vielen Fällen als wichtiger angesehen als die Grundidee der Tierschutzgesetzgebung. Die schwedische Tierhaltung ist in vielerlei Hinsicht tierfreundlicher als das, was wir in anderen Ländern beobachten. Schweine und Hühner haben etwas mehr Platz, um sich bewegen zu können. Mutterschweine dürfen nicht angebunden oder im sogenannten Kastenstand fixiert werden, wie es in vielen anderen Ländern geschieht. Doch die Diskrepanz zwischen den großen Ambitionen des »Portalparagrafen« und der Wirklichkeit, wie wir sie in den Betrieben antreffen, ist immer noch beträchtlich.

Manche begnügen sich nicht mit den Minimalansprüchen der Tierschutzgesetze, sondern haben eine Tierhaltung im Sinn, die dem Ideal der Ermöglichung eines natürlichen Verhaltens näherkommt. Das schwedische Siegel KRAV zertifiziert eine Aufzucht und Schlachtung, die bedeutend weiter geht. Damit ein Kotelett KRAV-zertifiziert werden kann, muss das Schwein in Freilandhaltung gelebt, gewühlt und gefressen haben und es darf nicht so früh von der Mutter getrennt worden sein wie in der konventionellen Zucht. Wieder andere begnügen sich nicht mit den KRAV-Regelungen, sondern züchten in kleinerem Umfang und schlachten teilweise direkt auf dem Hof. Je geringer die produzierten Mengen und je weniger intensiv die Landwirtschaft, desto höher wird natürlich letzten Endes der Preis. Doch dieser Umstand muss in Relation dazu gesetzt werden, was ich einleitend gesagt habe: Der Fleischpreis ist in den letzten Jahrzehnten dramatisch gesunken und ist, unter Berücksichtigung der Inflation, noch nie so niedrig gewesen wie jetzt.

Was geht mich das an?

Doch warum sollten einem Nutztiere und ihr Leben nicht gleichgültig sein? Geht es nur darum, dass sie uns »leidtun«, vielleicht gepaart mit einer irrationalen und nostalgischen Vorstellung von Landwirtschaft und Nahrungsmittelproduktion? Nein, es gibt mindestens drei schwerwiegende Gründe dafür, dass Sorge um das Wohlbefinden von Tieren uns alle etwas angeht.

Zunächst einmal ist es natürlich eine rein ethische und moralische Frage. Ist es zu rechtfertigen, lebendige Wesen wie Maschinen und Waren zu behandeln? Ist es akzeptabel, dass besondere »Erntemaschinen« benötigt werden, um zehntausende Hühner über ein Fließband aus einem Stall in die Transportfahrzeuge zu laden, die sie zum Schlachthof bringen werden? Oder dass jedes Jahr sieben bis acht Millionen männliche Küken direkt nach dem Schlüpfen getötet werden, weil sie für die Eierproduktion wertlos sind und es sich nicht lohnt, sie aufzuziehen, bis sie gegessen werden können? Eine Meinung dazu, ob dieses Vorgehen berechtigt ist, hängt natürlich auch davon ab, wie Tiere empfinden und erleben. Darüber kann dieses Buch hoffentlich ein Stück weit Aufschluss geben.

→

Viele Menschen lieben es, ihre Katzen und Hunde zu verwöhnen, doch die wenigsten haben einen engeren Bezug zu Tieren, die gehalten werden, um uns als Nahrung zu dienen.

Sollte man dennoch der Meinung sein, dass es moralisch vertretbar ist, bei Wohl und Wehe der Tiere Kompromisse einzugehen, um unserem Wunsch nach günstigem Essen nachzukommen, gibt es einen zweiten wichtigen Grund, sich die Sache noch einmal zu überlegen. Was für Produkte werden denn aus Tieren gefertigt, die unter industriellen Bedingungen aufgezogen werden? Sowohl Hühner als auch Schweine werden nach einer intensiven Wachstumsperiode ganz jung geschlachtet. Kann ihr Fleisch wirklich genauso gut schmecken wie das eines Tieres, das langsamer wachsen durfte und bei der Schlachtung entsprechend älter ist?

Stress im Zusammenhang mit Aufzucht und Schlachtung kann sich auch auf den Geschmack des Fleisches auswirken und es mitunter völlig ungenießbar machen. Vielleicht kann also der Wunsch nach gutem und nahrhaftem Essen Grund genug sein, sich darüber Gedanken zu machen, was für ein Leben die Tiere hatten, aus denen es hergestellt wurde.

Wenn nicht einmal dieses Argument zieht, sollte man daran denken, welche Folgen die Tieraufzucht für unsere eigene Gesundheit hat. Je mehr Stress und schlechter Haltung die Tiere ausgesetzt werden, desto größer ist das Risiko, dass sie krank werden. Um dies zu vermeiden, werden Millionen und Abermillionen von Tieren weltweit vorbeugend mit Antibiotika behandelt. Die Medikamente werden einfach unter das Futter gemischt. In Schweden, wo in der Tieraufzucht weltweit mit am wenigsten Antibiotika zur Anwendung kommen, ist das zwar verboten, dennoch sind die Auswirkungen dieser Vorgehensweise auch auf unsere Gesundheit erheblich. Konsequenz der großzügigen Medikation in anderen Ländern ist eine zunehmende Verbreitung von antibiotikaresistenten Bakterien, die uns selbst infizieren können. Die Weltgesundheitsorganisation bewertet diese als eine der größten globalen Bedrohungen für die menschliche Gesundheit. Pro Jahr entwickeln beispielsweise eine halbe Million Menschen Tuberkulose, die gegen nahezu sämtliche Antibiotika resistent ist, und die Behandlung aller Krankheiten, von Lungenentzündung bis hin zu Krebs, wird immer schwieriger.

Im Kopf der Tiere

Es ist bedauernswert, dass die meisten Konsumenten so weit entfernt von den Tieren leben, die ihnen als Nahrung dienen. Würde man sein eigenes Schwein aufziehen und es bis zum Augenblick der Schlachtung täglich um sich haben, könnte man vermutlich leichter nachempfinden, wie es fühlt. All diejenigen, die einen Hund haben, wissen ja auch, wann dieser glücklich und wann er niedergeschlagen ist. Der tägliche Umgang mit der eigenen Katze sorgt dafür, dass man ihre unterschiedlichen Gefühlsäußerungen leicht wiedererkennen kann. Aber Schweine, Hühner und Kühe bekommen wir meist gar nicht zu Gesicht, ehe sie in ihre Einzelteile zerlegt worden sind. Darum können wir uns auch von ihnen distanzieren und uns einreden, dass sie vermutlich nicht so viel fühlen, dass ihr Seelenleben einfacher gestrickt ist als das unseres Hundes oder unserer Katze.

Unabhängig davon, ob es einem vorrangig um die Gefühle der Tiere geht oder ob man findet, dass unsere eigene Gesundheit am wichtigsten ist, gibt es also schwerwiegende Gründe, sich dafür zu interessieren, wie unser Essen produziert wird. Dieses Buch hat zusätzlich noch einen anderen Ansatz: Es ist unglaublich unterhaltsam und interessant, mehr darüber zu erfahren, was Tiere denken und empfinden. Zu versuchen, sich in die Gedankenwelt eines Huhns oder die Gefühle eines Schweins hineinzuversetzen, ist in vielerlei Hinsicht eine revolutionäre Erfahrung. Vor nicht allzu langer Zeit meinten viele Verhaltensforscher noch, dass die Erfahrungen von Tieren unmöglich mit wissenschaftlichen Methoden untersucht werden könnten; die Wissenschaftler von heute haben jedoch eine ganze Reihe neuer intelligenter Experimente entwickelt, die Aufschluss darüber geben, was in den Gehirnen von Tieren eigentlich vor sich geht. Wie Sie feststellen werden, sind die Ähnlichkeiten mit uns Menschen in vielen Fällen größer als die Unterschiede. Was dies nun für Ihr Engagement hinsichtlich der Nahrungsmittelproduktion bedeutet, müssen Sie selbst entscheiden.

02.

ZU BESUCH IN DER TIERWELT

» Die Sehnsucht
eines Huhns nach einer
Stange kann stärker
sein, als wir es uns
vorstellen können. «

IHRE WELT IST ANDERS

SEHEN SIE SICH UM. Glauben Sie, Sie nehmen die Welt so wahr, wie sie ist? Sie sehen vermutlich grüne Bäume und Gras, einen blauen Himmel und eine Sonne, die sich manchmal hinter den Wolken versteckt. Vielleicht eine spiegelnde Wasseroberfläche auf einem See oder die Lichtreflexe auf einem nassen Asphaltweg. Aber sieht die Wirklichkeit tatsächlich so aus?

Und was hören Sie? Vielleicht ein wenig Vogelgesang, Auto- und Baustellenlärm. Stimmen anderer Menschen. Aber ist das alles, was zu hören ist? Wie steht es um all die Gerüche, die Sie wahrnehmen können, um Berührung, um Geschmack? Sind Sie sicher, dass Sie ein vollständiges und objektives Bild davon haben, wie unsere Welt beschaffen ist? Die meisten gehen wohl davon aus, dass die Welt genau so ist, wie wir sie mit unseren gesammelten Sinneseindrücken begreifen.

Aber so ist es in Wahrheit nicht. Was Sie und ich von unserer Umwelt erfassen, stellt nur einen kleinen und begrenzten Teil all dessen dar, was wir wahrnehmen könnten, wenn unsere Sinnesorgane anders ausgeformt wären. Wir sind vollständig blind und taub für vieles, was Tiere sehen und hören. Uns fehlt beispielsweise gänzlich die Möglichkeit, die Ausrichtung des Erdmagnetfelds wahrzunehmen. Kühe und Schafe können es spüren und nutzen es, um sich zu orientieren. Im Gegensatz zu Hühnern können wir außerdem ultraviolettes Licht nicht sehen. Ihr Farberlebnis auf einer Blumenwiese ist, verglichen mit dem unseren, ein ganz anderes.

Obwohl wir alle auf derselben Erde leben, sieht diese also, verglichen mit dem, was ein Huhn oder ein Schwein wahrnimmt, für uns ganz anders aus. Wollen wir einen besseren Einblick in das Leben dieser

Tiere erhalten, müssen wir wissen, wie ihre Sinnesorgane funktionieren. Dabei stellt sich schnell heraus, dass unsere eigenen Sinne äußerst begrenzt sind. Tatsächlich ist unsere Welt so viel kleiner als die ihre.

Augen auf

Lassen Sie uns mit dem Sehsinn beginnen. Wir Menschen können mithilfe dreier unterschiedlicher Arten von farbempfindlichen Rezeptoren (Sinneszellen) in der Netzhaut, den sogenannten Zapfen, mehr als eine Million unterschiedlicher Farbnuancen wahrnehmen. Die meisten anderen Säugetiere inklusive Katze, Hund, Schwein, Schaf und Rind verfügen nur über zwei Typen solcher Rezeptoren und sehen deshalb weniger Nuancen. Aber auf der anderen Seite können sie nachts weitaus besser sehen als wir. Das liegt daran, dass zwar ihre Netzhaut ungefähr genauso viele lichtempfindliche Rezeptoren (Stäbchen) wie die unsere hat, ihre Augen aber zugleich eine spiegelnde Struktur haben, die Tapetum genannt wird. Dieses reflektiert das einfallende Licht im Auge und erhöht damit dessen Lichtempfindlichkeit um bis zu 50 %. Das Tapetum bewirkt, dass die Augen der Kühe oder der Schafe in der Dunkelheit aussehen, als würden sie leuchten, wenn man nachts an einer Weide vorbeifährt. Tatsächlich aber werden die Autolichter wie in einem Spiegel reflektiert. Dank des Tapetums wird unsere Morgen- und Abenddämmerung zu ihrem Tageslicht.

Die Augen der Tiere sind, verglichen mit den unseren, auch etwas anders im Kopf positioniert. Sie stehen weiter auseinander und sind mehr zur Seite hin ausgerichtet. Für das Pferd und das Schwein impliziert dies, dass ihr Gesichtsfeld mehr als 300 Grad rund um den Kopf beträgt. Die einzige Stelle, die sie nicht sehen können, liegt exakt hinten zwischen ihren Ohren. Nähert sich aber eine Gefahr seitlich von hinten, sehen sie deutlich, was vor sich geht. Dafür müssen sie auf räumliches Sehvermögen verzichten, das nur in dem schmalen Bereich direkt vor ihrem Maul funktioniert. Schafe und Rinder haben ebenso »Augen im Nacken«, es fällt ihnen aber schwer, den Abstand zu Dingen einzuschätzen, die sich an der Peripherie ihres Blickfeldes abspielen.

Hühner sehen noch mehr von der Welt, weil ihr Blickfeld sich noch weiter um den Kopf herum und außerdem nach oben erstreckt. Wenn sie scheinbar vor sich auf die Erde blicken, um Körner und anderes Essbares zu finden, sehen sie gleichzeitig, ob hinter ihrem Rücken eine Gefahr lauert oder ein Raubvogel oben am Himmel vorbeifliegt. Außerdem haben sie, genau wie andere Vögel, über die drei Typen von Zapfen hinaus, die auch wir haben, noch einen vierten. Deshalb nehmen sie ultraviolettes Licht wahr, einen Farbraum, in dem wir blind sind. Viele Blumen haben ultraviolette Muster, die wir nicht sehen, die für die Hühner aber ganz deutlich erkennbar sind. Vögel haben oft ultraviolette Muster in ihrem Federkleid, die wir natürlich nicht wahrnehmen können. Dafür sind Hühner in der Nacht recht hilflos. Sie verfügen nicht über ein Tapetum und ihre Augen können keinerlei Details mehr wahrnehmen, sobald es zu dämmern beginnt.

Die Welt der Düfte

Wenden wir uns nun dem Geruchssinn zu. Die meisten Menschen sind sich bewusst, dass es hier für uns im Vergleich zu vielen anderen Tieren nicht so viel zu holen gibt. Der Hund ist der wohlbekannte Geruchsexperte, aber andere Haus- und Nutztiere wissen noch mehr zu imponieren. Es ist allerdings schwierig festzustellen, welche Tierart den besten Geruchssinn hat, weil dieser von einer Reihe unterschiedlicher Faktoren bestimmt wird: davon, wie viele Sorten von Gerüchen die Nase aufnehmen kann, ab wie geringen Mengen einzelne Duftstoffe wahrgenommen werden können, und davon, wie groß der Teil des Gehirns ist, der herangezogen wird, um die Information zu übersetzen. Nimmt man all diese Aspekte zusammen, stellen sich das Schwein und die Kuh unter unseren üblichen Nutztieren als weit überlegen dar, während der Hund etwas weiter unten auf der Liste landet.

Nicht umsonst werden Schweine an vielen Orten auf der Erde dazu herangezogen, Trüffel zu suchen, die immerhin ein ganzes Stück unter der Erdoberfläche wachsen.

Aber Schwein, Kuh und einige andere haben noch ein weiteres Sinnesorgan für Gerüche, das uns fehlt. Es heißt Jacobson-Organ und sitzt in der Mundhöhle, wo es bestimmte Duftstoffe aufnimmt und direkt in einen speziellen Teil des Gehirns weiterleitet. Manchmal sieht man eine Kuh oder ein Pferd anderen Tieren oder Menschen gegenüber merkwürdige Bewegungen mit Mund und Lippen machen. Man sagt, dass sie »flehmen«, womit die Art gemeint ist, mit der sie Duftstoffe in Kontakt mit jenem Organ bringen. Genauso können Schweine manchmal aussehen, als würden sie gähnen, wenn sie Gerüche mit dem Mund inhalieren. Wie fühlt sich wohl ein solcher Duft an, der nicht mit der Nase, sondern mit etwas ganz anderem wahrgenommen wird? Wir können hier nur unsere Fantasie spielen lassen.

In Literatur älteren Datums stößt man manchmal auf die Auffassung, dass Hühner, ebenso wie andere Vögel, keinen Geruchssinn haben. Das ist völlig falsch. Vor nicht allzu langer Zeit wurde festgestellt, dass sie tatsächlich einen recht gut entwickelten Geruchssinn haben. Jedes Tier hat sein ganz persönliches Duftprofil. Hühner können einander daher ebenso am Geruch identifizieren, wie wir es von Hunden oder anderen Säugetieren kennen.

Hast du das gehört?

Auch hinsichtlich des Hörsinns können wir es nicht mit unseren Nutztieren aufnehmen. Schweine, Kühe und Schafe nehmen viel schwächere Geräusche wahr als wir, außerdem sind sie uns darin überlegen zu bestimmen, aus welcher Richtung diese kommen. Hühner hören das beinahe geräuschlose Rascheln einer Larve oder eines Käfers, während sie umhergehen und nach Futter suchen. Man hat auch herausgefunden, dass Schweine und Ziegen Frequenzen von über 40 kHz hören können, während unser Hörvermögen bei etwas unter 20 kHz eine natürliche Grenze erreicht. Kühe hören diese hohen Töne aus dem Ultraschallbereich ebenfalls, und zudem auch viel tiefere als diejenigen, die wir noch wahrnehmen können, bis hinunter zu 16 Hz. Sie können also tiefe Töne aus dem Infraschallbereich, beispielsweise von Maschinen oder anderen Geräten, hören, für die wir völlig taub sind.

Ein unbekanntes Universum

Dann gibt es da noch eine Reihe von Sinnen, die uns komplett fehlen. Von einigen wissen wir, dass Tiere sie haben, aber wir wissen nicht immer genau darüber Bescheid, wie sie diese anwenden. Kühe und auch Schafe scheinen beispielsweise das Magnetfeld der Erde spüren zu können - wenn sie draußen auf der Weide stehen, richten sie ihren Körper gerne in südöstlicher Richtung aus. Wahrscheinlich haben sich ihre Vorfahren dieses Sinnes bedient, um sich zu orientieren und damit zu navigieren, wenn sie sich über weite Flächen bewegten. Hunde können vermutlich mithilfe von Rezeptoren auf der Nasenoberfläche sehr schwache Wärmestrahlung von anderen Tieren und von Menschen wahrnehmen. Möglicherweise können auch Schweine dies mit ihrem großen Rüssel bewerkstelligen. Auf diese Weise können sie Beute und Gefahren aus großer Entfernung wahrnehmen, indem sie einfach mit der Schnauze die Abstrahlung von deren Körperwärme fühlen.

Zusammengefasst erleben unsere Nutztiere eine Welt, die sich wesentlich von der unterscheidet, die unsereins wahrnimmt. Sie sehen andere Farben und einen weiteren Horizont, sie spüren das Magnetfeld der Erde und sie hören hohe und tiefe Töne, die gänzlich außerhalb unseres Hörvermögens liegen. Wie die Welt auf ein Schwein mit seinem fantastischen Rüssel wirkt, können wir uns kaum vorstellen. Die reichlich mit Nerven ausgestattete Rüsselscheibe ist beinahe genauso empfindlich wie unsere Fingerspitzen, die kleinen Tasthaare registrieren Vibrationen von Insekten und die Oberseite ist so muskulös, dass sie als Hebel fungieren kann, wenn das Schwein allein mit der Schnauze

bis zu ein paar hundert Kilogramm anhebt. Und mitten auf dem Rüssel sitzen die Nasenöffnungen, die zu einem der empfindlichsten Geruchssinne der Tierwelt hineinführen.

Nächstes Mal, wenn Sie einem Schwein in die Augen blicken, versäumen Sie nicht, auch seinen fantastischen Rüssel zu bewundern. Er ist eines der bemerkenswertesten und facettenreichsten Instrumente der Tierwelt.

Der Ast für die Nacht

Es liegt nicht nur an den Sinnen der Tiere, dass ihre Wahrnehmung der Welt eine ganz andere ist als die unsere. Haben Sie z. B. besondere Gefühle gegenüber hoch gelegenen Ästen? Vermutlich nicht - aber Hühner durchaus.

Ein paarmal waren meine Hühner zu Hause aus ihrem Stall ausgesperrt. Ihr kleines Türchen war zugefallen, und als die Dämmerung hereinbrach, wussten sie nicht wohin. Als mir zum Abend hin ihre Lage bewusst wurde, war ich daher gezwungen, sie draußen im Garten zu suchen. Es mag wie ein unmögliches Unterfangen erscheinen, in der Dunkelheit eine Schar Hühner zu finden, doch tatsächlich ist das nicht so schwer. Man kann nämlich recht sicher sein, dass sie zusammenbleiben und sich nicht trennen - die Gruppe ist die Basis ihrer Sicherheit. Findet man ein Huhn, weiß man deshalb, dass die anderen ganz in der Nähe sind. Und man muss nur an ein paar wenigen Stellen suchen, in meinem Fall oben in einem der Bäume, die in der Nähe des Hühnerhauses stehen. Der Drang hochzuhüpfen und sich auf eine

←

Der Rüssel des Schweins ist nahezu so empfindlich wie unsere Fingerspitzen; darin befindet sich eines der präzisesten Geruchsorgane der Tierwelt.

Stange zu setzen, wenn die Dunkelheit kommt, ist nämlich einer der stärksten Instinkte bei Hühnern.

Dieses Verhalten hat sich in den Regenwäldern Südostasiens entwickelt, wo ihre Vorfahren, die Roten Dschungelhühner, leben. Über Millionen von Jahren hat es sie vor Raubtieren geschützt. Sobald das Licht des Morgengrauens es erlaubt, halten sie sich auf der Erde auf. Ihre Tage füllen sie, indem sie nach Nahrung scharren, im Sand baden und Zeit miteinander verbringen, aber wenn es Zeit wird, sich zur Nachtruhe zu begeben, gibt es für sie nur eins: hinauf in den Baum. Dieser Instinkt ist bei unseren heutigen zahmen Hühnern unverändert erhalten. Eine Legehenne in einem modernen Hühnerhaus muss eigentlich keine Angst haben, nachts von einem Marder oder einer Schlange angegriffen zu werden, aber es hilft nichts: Die angeborene Angst vor einem solchen Schicksal veranlasst sie, sich ihr Nachtlager hoch über der Erde zu suchen.

All diejenigen von uns, die als Hobby ein kleines Hühnerhaus zu Hause haben, wissen, dass hoch platzierte Sitzstangen das wichtigste Einrichtungsdetail sind. Wenn es beginnt, dunkel zu werden, hüpfen, flattern und krabbeln die Hühner hinauf. Dass sie keine besonders begabten Flugkünstler sind, spielt keine Rolle, hinauf müssen sie um jeden Preis. So kommt es einem jedenfalls vor, wenn man ihnen zusieht, aber sind sie wirklich bereit, alles für die Möglichkeit zu tun, ein erhöhtes Nachtlager zu ergattern? Das kann man tatsächlich mithilfe wissenschaftlicher Methoden herausfinden.

Der Preis für die Stange

Ein schwedisches Forscherpaar hat eine Serie von Untersuchungen dazu durchgeführt, wie die Hühner ihre Sehnsucht nach einer Sitzstange erleben. In einem Experiment hielten sie kleine Gruppen von Hühnern in Boxen mit Sitzstangen darin. Allerdings trennte eine Plexiglasscheibe Hühner und Stangen voneinander. Die Hühner konnten die Stangen also sehen, aber nicht auf ihnen sitzen. In anderen Boxen wurden die Stangen ganz entfernt. Dann studierten die Forscher das Verhalten der Hühner während der Dämmerungsperiode, die auf die Stunde fiel, ehe das Licht ganz gelöscht wurde. Die Ergebnisse waren deutlich. Als die Hühner nicht zu ihren Stangen gelangen konnten, reagierten sie mit verschiedenen Anzeichen der Frustration. Sie hüpften die Wände hoch, offensichtlich auf der Suche nach einer hoch gelegenen Alternative. Als sie einsahen, dass es ihnen nicht gelingen würde, irgendwo hochzukommen, wurden sie passiv und apathisch.

In einem späteren Experiment wandten die Forscher eine besondere Methode an, um die Hühner zu »fragen«, als wie wichtig sie eine Sitzstange ansahen. Die Hühner mussten in der Versuchsanordnung zunächst lernen, durch eine Schwingtür hindurchzugelangen, die an eine Saloontür erinnerte, wie man sie aus Westernfilmen kennt. Anreiz dabei war das Futter, das sich auf der anderen Seite der Tür befand. Als sie zuverlässig gelernt hatten, diese aufzustoßen, indem sie sich dagegendrückten, erhöhten die Forscher schrittweise den Widerstand, sodass es immer schwerer wurde, durch die Tür zu gelangen. Schließlich wurde deren Widerstand so groß, dass es unmöglich war, sich hindurchzuzwängen. Dadurch erhielt man eine Aussage darüber, wie schwer eine Tür sein darf, die ein Huhn in der Lage ist aufzudrücken.

Als die Hühner den Dreh heraushatten, platzierten die Forscher stattdessen Sitzstangen hinter der Schwingtür. In der Dämmerung bekamen die Tiere natürlich großes Interesse daran, durch die Tür und zu den Sitzstangen zu gelangen, und nun wurde der Widerstand erneut Tag für Tag etwas erhöht. Die Hühner fuhren fort, sich durch die Tür zu drängen, obwohl dies immer schwieriger wurde. Sie gaben nicht auf, ehe sie die Tür bei dem maximalen Gewicht, das sie bewältigen konnten, geöffnet hatten. Dieses Experiment zeigt, wie wichtig ihnen ihre Sitzstangen sind: Unabhängig davon, wie hoch der erforderliche Einsatz ist, strengen sie sich bis zum Äußersten an, um zu ihnen zu gelangen.

Wo keiner einen erwischt

Es besteht also kein Zweifel daran, dass es wichtig für Hühner ist, hoch auf eine Sitzstange zu gelangen, ehe es Nacht wird; aber fühlen sie sich wirklich sicherer, wenn sie dort gut sitzen? In verschiedenen Untersuchungen haben Forscher versucht, das zu messen. Man kam zu dem Ergebnis, dass ein bestimmter Abstand zum Boden allein nicht ausreicht, sondern dass es außerdem wichtig ist, die Krallen wirklich um etwas schließen zu können, das als Stange empfunden wird. Ein hohes Regal ist besser als nichts, aber wenn es eine Stange in derselben Höhe gibt, wird diese immer vorgezogen. Und versucht man, ein Huhn mit Lärm oder gar mit einem ausgestopften Iltis zu erschrecken, reagiert es bedeutend weniger, wenn es auf einer Stange sitzt, als wenn es auf einem Regal hockt. Allein das Gefühl, sich mit den Füßen festhalten zu können, flößt ihm Sicherheit ein.

Es ist aber tatsächlich auch wichtig, dass die Sitzstange sich hoch über der Erde befindet. Eine Forschergruppe untersuchte, wie Hühner reagierten, wenn sie die Stangen in unterschiedlichen Höhen anbrachten: Bei weniger als 80 cm über dem Boden interessierten sich die Versuchstiere nicht besonders für sie, doch mit zunehmender Höhe wurden sie immer attraktiver. Am allerliebsten wollten die Hühner auf Stangen in beinahe zwei Metern Höhe sitzen. Dies war das Höchste, was die Forscher in ihrem Experiment testen konnten.

Wenn man bedenkt, dass eine Mehrheit aller Legehennen weltweit in Käfigen von nicht mehr als 40 bis 50 cm Höhe sitzt, muss man sich nur vorstellen, wie sie sich allabendlich fühlen, wenn es beginnt, dunkel zu werden. Befreit man solche Hühner aus ihrem Käfigleben und bringt sie auf einen normalen Hühnerhof, sind Stangen zum Sitzen das Erste, wonach sie suchen. Die Sehnsucht eines Huhns nach einer Stange kann stärker sein, als wir es uns vorstellen können.

Lange glaubte man, dass KÜHE nicht schlafen, doch das tun sie – drei bis vier Stunden pro Tag, verteilt auf kurze Phasen. Im Schlaf legen sie normalerweise den Kopf zurück an ihre Schulter.

Ein HUHN kann Spermien mehrerer unterschiedlicher Hähne drei bis vier Wochen lang in speziellen Taschen im Eileiter aufbewahren. So kann es die Spermien des attraktivsten Hahns verwenden, um die Eier zu befruchten, die es während dieser Zeit legt.

Die meisten SCHAFE verlieren ihr Fell nicht von selbst, sondern müssen geschoren werden. Diese Eigenschaft unterscheidet sie von der Mehrzahl der anderen Säugetiere; sie hat sich in den tausenden Jahren des Zusammenlebens mit Menschen herausgebildet.

Die meisten FISCHE legen Eier, welche die Männchen frei im Wasser befruchten. Aber bestimmte Arten paaren sich miteinander, und wenn die Eier sich im Bauch des Weibchens entwickelt haben, bringt es lebende Junge zur Welt.

SCHWEINE vermeiden es instinktiv, in der Nähe ihrer eigenen Ausscheidungen zu liegen. Bereits im Alter von erst wenigen Stunden verlassen Ferkel ihr Heim, um »zur Toilette zu gehen«, wenn sie die Möglichkeit dazu haben.

03.

MIT DEN TIEREN IM GESPRÄCH

»Wer daran zweifelt,
dass unsere Nutztiere Gefühle
und Empfindungen haben,
muss nur ein Weilchen
an einer Schafweide, einem
Kuh- oder einem
Schweinestall stehen bleiben
und lauschen.«

WIE GEHT'S?

WIE SOLLEN WIR HERAUSFINDEN, wie Tiere selbst ihre Situation erleben? Man kann sie ja nicht fragen oder zumindest nicht erwarten, dass man in derselben Form Antwort erhält wie von einem Mitmenschen. Ist es überhaupt möglich herauszufinden, was ein Huhn fühlt, wenn es sein ganzes Leben in einem Legekäfig zubringt? Oder wie ein Schwein seinen Alltag in einer kargen Betonbox ohne Beschäftigung empfindet? Ja, es ist Forschern geglückt, eine Reihe von Methoden zu entwickeln, um Tiere auf ihre eigene Art antworten zu lassen. Die Ideen dazu wurden zu großen Teilen den indirekten Techniken entliehen, die man anwendet, um den psychischen Zustand von Menschen zu studieren. Man kann ein Huhn oder ein Schwein beispielsweise »fragen«, wie optimistisch veranlagt es ist. Die Antwort kann wiederum Aufschluss darüber geben, wie es zum Leben als solches steht.

Sie kennen doch sicher die klassische Frage, ob ein Glas halb voll oder halb leer ist? Dieser etwas in die Jahre gekommene Vergleich wird ja üblicherweise verwendet, um den Unterschied zwischen Optimisten und Pessimisten zu illustrieren. Füllt das Getränk exakt das halbe Glas, ist der Optimist geneigter, es als halb voll anzusehen - der Pessimist sieht es umgekehrt.

Das Glas ist natürlich eine Metapher für die Sicht auf das Leben im Allgemeinen. Manche Individuen neigen eher dazu, die Möglichkeiten einer Situation zu erkennen, während andere sich auf die Probleme fokussieren. Doch wir wissen ja alle, dass dies auch von der Tagesform abhängen kann. An manchen Tagen fühlt sich alles gut an und wir sehen das Leben in hellen Farben - das Glas ist halb voll. Bereits einen Tag später können sich dunkle Wolken auftürmen, wohin wir auch blicken, und es fühlt sich eher halb leer an. Interessant daran ist, dass unsere psychische Verfassung häufig unser Bild von der Wirklichkeit verändert. Trauer, Stress und Depression veranlassen Menschen, pessimistischer zu sein, während Gesundheit, Freude und positive Erlebnisse zu mehr Optimismus führen. Vielleicht funktionieren Tiere genauso? In dem Fall würde der Grad an Optimismus einen Hinweis darauf liefern können, wie sie sich fühlen. Aber wie fragt man ein Schwein, ob es findet, dass das Glas halb voll ist?

Optimisten und Pessimisten in der Tierwelt

Forscher haben eine spannende Methode entwickelt, die in mehr und mehr Untersuchungen zur Anwendung kommt: Man bringt dem Tier zunächst bei, ein bestimmtes Signal mit etwas Positivem, z. B. mit Futter, zu assoziieren, während ein anderes Signal mit etwas Negativem, z. B. einer leeren Futterschüssel, verknüpft wird. Wenn es die Aufgabe verstanden hat, gibt man ein Signal, das zwischen den beiden ersten liegt. Wird das Tier dieses nun als etwas Positives interpretieren und zur Futterschüssel laufen, oder wird es das Signal als etwas Negatives auffassen und die Schüssel ignorieren? Und wie wird die Einschätzung des Tiers davon beeinflusst, was es zuvor erlebt hat?

Es hat sich gezeigt, dass beinahe alle Tiere, die getestet wurden, in etwa wie optimistische oder pessimistische Menschen reagieren. In manchen Situationen interpretieren sie zweideutige Signale positiv – das Glas ist halb voll. Bei anderen Gelegenheiten meinen sie, dass dieselbe Uneindeutigkeit stattdessen für etwas Negatives, ein halb leeres Glas quasi, steht. Der Sammelbegriff für diesen Effekt lautet »kognitive Verzerrung«. Die britischen Ethnologen Michael Mendl und Elisabeth Paul sind Pioniere auf diesem Gebiet.

Für einen Versuch etwa verwendete man normale Legehennen. Während der Übungsphase lernten sie, auf einen kräftig orangen Fleck auf einem Computerbildschirm zu picken, um eine Belohnung in Form von bei allen Hühnern sehr beliebten Mehlwürmern zu erhalten. Sie lernten auch, dass ihnen stattdessen kurz Druckluft entgegengeblasen wurde, wenn ein blasser oranger Punkt auftauchte. Das finden Hühner unangenehm. Was würde nun passieren, wenn der Fleck eine Farbe hätte, die zwischen der kräftigen und der blassen Version lag? Und würde die Einschätzung der Hühner sich ändern, wenn sie vorher eine positive Erfahrung gemacht hätten?

Die Forscher testeten die Hühner entweder in einem wunderbar auf etwa 28 °C, der Lieblingstemperatur von Hühnern, erwärmten Käfig, oder aber in einem kalten Käfig, in dem die Temperatur bei etwa 20 °C lag. War der Käfig warm und gemütlich, wurden die Hühner bedeutend optimistischer und pickten in Erwartung von Futter häufiger auf den blassorangen Fleck. Wenn es ihnen richtig gut ging, interpretierten sie den Fleck also als ein Signal, dass sie Mehlwürmer bekommen würden – sie fanden ganz einfach, dass das Glas halb voll war. Genau wie bei uns wird die Sicht der Hühner auf ihre Welt davon beeinflusst, wie es ihnen geht. Je besser das Leben sich anfühlt, desto freundlicher ist ihre Sicht auf das Dasein im Allgemeinen.

Eine andere Forschergruppe führte Tests mit Schweinen während der Aufzuchtphase durch. Die Tiere lernten, dass ein Eimer, wenn er sich in einer Ecke des Testraumes befand, leckere Äpfel enthielt, aber leer war, wenn er in einer anderen Ecke stand. Dann platzierte man den Eimer zwischen den beiden Ecken. Manche Schweine interpretierten das Ganze optimistisch und liefen sofort zum Eimer, um die Äpfel zu bekommen, die sie darin zu finden glaubten. Andere kamen zum gegenteiligen Schluss und waren kaum an dem Eimer interessiert. Nachdem die Schweine einen Monat später geschlachtet worden waren, untersuchten die Forscher ihre Gehirne und Muskeln. Die Gehirne der pessimistischer veranlagten Tiere erwiesen sich als stressempfindlicher und ihr Muskelfleisch war qualitativ schlechter. Wie die Schweine ihr Aufwachsen erlebt hatten, hatte also relevante Auswirkungen auf ihr Wohlbefinden, wie sich zeigte, und auf das Fleisch, das sie produzierten. Zudem wirkte sich ihr Empfinden, als sie noch am Leben waren, deutlich auf ihre Sicht auf ihr Dasein aus.

SUBARU

Es ist mit anderen Worten ganz klar, dass die Tiere, die wir zu Essen verarbeiten wollen, Gefühle hinsichtlich unserer Art, sie zu halten und zu behandeln, haben. Sie können niedergeschlagen oder gar deprimiert davon werden, in einem kargen Umfeld zu leben oder schlecht behandelt zu werden. Kanadische Forscher haben herausgefunden, dass Kälber deutlich pessimistischer wurden, nachdem sie die Verödung ihrer Hornanlagen erlebt hatten - ein schmerzhafter Vorgang, der unter örtlicher Betäubung, doch meist ohne anschließende Schmerzlinderung durchgeführt wird. Sie haben also große Schmerzen, wenn die Betäubung nachlässt, und dieser Schmerz lässt sie düster auf ihr Dasein im Allgemeinen blicken.

Was Tiere sich wünschen

Die kognitive Verzerrung zeigt, wie Tiere auf die Lebenssituation, in die wir sie bringen, reagieren - aber wie möchten sie eigentlich selbst leben? Ist es möglich, sie zu »fragen«, was sie sich wünschen? Die älteste Methode, um dies zu untersuchen, besteht darin, Tiere zwischen zwei verschiedenen Alternativen wählen zu lassen und dann zu erfassen, was sie vorziehen. Hühner finden z. B., wenn sie zwischen beiden Varianten wählen müssen, dass eine weiche Unterlage für ihre empfindlichen Füße wichtiger ist als ein großer Käfig. Diese Erkenntnis wirft ein deutliches Licht auf den Umstand, dass so viele Legehennen weltweit ihr Dasein auf harten Metallgitterböden fristen. Aber man kann die Frage auch deutlich raffinierter stellen. Dazu borgen sich die Forscher Methoden von Psychologen und Ökonomen, die sich mit Konsumforschung beschäftigen.

Auf diesem Gebiet hat man bereits vor langer Zeit anspruchsvolle Analysewerkzeuge entwickelt, um zu untersuchen, wie Konsumenten sich verhalten, wenn die Preise auf dem Markt steigen bzw. sinken.

←

Schweine, Schafe, Kühe und Hühner haben Empfindungen, die sich gar nicht so sehr von den unseren unterscheiden.

Bei manchen Waren sind wir wenig preissensibel. Dazu gehören Alkohol, Kaffee und Schokolade. Von anderen Produkten kaufen wir weniger, wenn der Preis steigt, z. B. Tomaten und Milch. Die Ökonomen bezeichnen die Nachfrage nach Kaffee als unelastisch, während die nach Tomaten elastisch ist.

Mithilfe dieser Analysemethoden lässt sich auch messen, wie wichtig es einem Huhn, einer Kuh oder einem Schwein ist, Zugang zu verschiedenen Dingen (»Ressourcen«) in ihrem heimischen Umfeld zu haben. Man bringt den Tieren also bei, eine Aufgabe zu erfüllen, um Zugang zur entsprechenden Ressource zu erhalten. Anschließend erhöht man nach und nach den Schwierigkeitsgrad der Aufgabe, was einer Preisanhebung in der Menschenwelt entspricht, und beobachtet, ob sie sich weiterhin für die Ressource anstrengen. Ist das der Fall, deutet das darauf hin, dass ihr Bedarf an der Ressource unelastisch und dessen Befriedigung darum besonders wichtig ist. Im vorangegangenen Kapitel haben wir gesehen, wie Forscher die Methode angewendet haben, um Hühner dazu zu bringen preiszugeben, wie wichtig es für sie ist, nachts Zugang zu einer Sitzstange zu haben - sehr wichtig, wie sich gezeigt hat.

Eine der Ersten, die sich dieser Methode bedienten, war die britisch-kanadische Forscherin Georgia Mason, die mit Nerzen arbeitete. Auch sie brachte ihren Versuchstieren bei, Schwingtüren zu öffnen, um an verschiedene Ressourcen zu gelangen. Im Anschluss sorgte sie dafür, dass die Türen sich immer schwerer öffnen ließen. Die Nerze strengten sich weiterhin an, die Tür aufzubekommen, wenn auf der anderen Seite Wasser zum Schwimmen wartete, gaben aber früher auf, wenn dort nur Spielsachen zur Beschäftigung bereitlagen. Hatten sie keinen Zugang zum Wasser, reagierten sie gestresst und wiesen hohe Werte von Stresshormonen auf. Wasser zum Schwimmen stellt also für Nerze ein grundlegendes Bedürfnis dar. Umso trauriger ist es, dass sie keinen Zugang dazu haben, wenn sie ihr Leben auf einer Pelztierfarm zubringen müssen.

KÜHE lieben es, gebürstet zu werden. Viele Bauern haben automatisch rotierende Bürsten im Stall, die von den Kühen selbst bedient werden können. Oft bildet sich an ihnen eine lange Schlange.

Ein HUHN legt im Frühling Eier, weil die zunehmende Helligkeitsdauer Hormone stimuliert, die das Eierlegen steuern. In Geflügelbetrieben steigert man schrittweise die Zeitspanne, in der die Beleuchtung eingeschaltet ist, damit die Hühner denken, es sei immerzu Frühling. So legen sie ihr ganzes Leben lang kontinuierlich Eier.

Es gibt über 200 verschiedene SCHAFRASSEN. Manche haben lange gedrehte Hörner, andere vier statt zwei. Navajo-Churro-Böcke können sogar sechs oder mehr Hörner haben.

Viele FISCHE geben Laute von sich, die sie verwenden, um mit anderen zu kommunizieren. Sie haben weder Stimmbänder noch Lungen, können aber mit anderen Körperteilen, wie z. B. der Schwimmblase, laute Geräusche erzeugen.

Die Zunge von SCHWEINEN verfügt über beinahe doppelt so viele Geschmacksknospen wie die eines Menschen. Zusammen mit ihrem empfindlichen Geruchssinn macht sie das zu richtigen Feinschmeckern.

Die Methode funktioniert auch bei unseren nahrungsproduzierenden Tieren ausgezeichnet. Eine kanadische Forschergruppe trainierte Kühe, eine Schiebetür zu benutzen, und maß, wie sehr sie bereit waren, sich anzustrengen, um hinaus auf die Weide zu kommen.

Das Ergebnis zeigte, dass sie mindestens genauso eifrig waren, wenn es darum ging, nach draußen zu kommen, wie wenn ihnen frisches Futter in Aussicht gestellt wurde. In Schweden ist gesetzlich festgelegt, dass Kühe im Sommerhalbjahr mehrere Stunden täglich auf die Weide gelassen werden; in den USA z. B. dürfen dagegen weniger als 5 % der zehn Millionen Milchkühe jemals Gras unter ihren Klauen spüren.

Das Bedürfnis der Hühner, nach Futter zu suchen

Britische Forscher wollten wissen, wie es den Eltern von Schlachthühnern - also denjenigen Hühnern, die wiederum die Tiere, die wir essen, zur Welt bringen - angesichts der Tatsache geht, dass sie konstant hungrig sind. Tatsächlich sind sie genetisch auf so starkes Wachstum ausgerichtet, dass sie nicht sehr lange überleben würden, wenn man ihnen freien Zugang zu Futter gewähren würde - sie würden sich schlicht zu Tode fressen. Ihre Nachkommen, die wir z. B. in Form von gefrorenem Hähnchenfilet zu Hause aufbewahren, sollen auf der anderen Seite so schnell wie möglich wachsen, denn sie werden nur fünf Wochen alt, ehe sie geschlachtet werden. Die Schlachttiere bekommen daher alles Futter, das sie brauchen, während ihre Eltern nur etwa ein Drittel der Futtermenge erhalten, die sie gerne hätten.

Um zu untersuchen, ob die hungrigen Eltern ein gesteigertes Bedürfnis haben, Futter auf Hühnerart zu suchen, sollten die Versuchstiere durch einen Behälter mit Wasser waten, um zu einem Platz zu gelangen, an dem sie in Sägespänen scharren und picken konnten. Wasser vermeiden Hühner normalerweise tunlichst. Doch obwohl sie bei den Sägespänen kein Futter bekamen, sondern nur ihr natürliches Verhalten ausleben durften, wateten sie weiter dorthin, auch wenn die

Forscher nach und nach das Wasser immer tiefer werden ließen. Je hungriger die Hühner waren, desto tiefer durfte das Wasser sein, durch das zu gehen sie bereit waren. Und das nur, weil sie so gerne in Sägespänen scharren wollten.

Mithilfe der etwas spröden Terminologie der Ökonomen können wir festhalten, dass die Möglichkeit, auf natürliche Weise Futter zu suchen, ein unelastisches Bedürfnis für die Eltern von Schlachthühnern ist. In etwas menschlichere Worte gefasst: Hungrige Hühner auf den Höfen sehnen sich jeden einzelnen Tag danach, draußen umhergehen und nach Futter suchen zu dürfen.

Wer auf etwas Gutes wartet

Eine weitere Methode, von der die Forscher Gebrauch machen, besteht darin, die Erwartung der Tiere an unterschiedliche Ereignisse zu untersuchen. Zunächst bringt man ihnen bei, ein Signal, z. B. den Klingelton eines Weckers, mit etwas Positivem zu verknüpfen. Haben sie begriffen, dass dieses Signal bedeutet, dass in Kürze etwas Schönes passieren wird, steigert man die Zeitspanne zwischen dem Weckerklingeln und der Belohnung auf bis zu 30 Sekunden. Nun lässt sich im Detail beobachten, was die Tiere tun, wenn sie ein positives Ereignis auf das Signal hin erwarten. Oft werden sie eifrig, machen sich auf die Suche und sind während dieser Periode besonders aktiv.

Lässt man den Wecker dagegen etwas Negatives wie z. B. einen leichten Stromschlag ankündigen, ist das Erwartungsverhalten ein ganz anderes. Dann sitzen die Tiere üblicherweise mit zusammengesunkener Körperhaltung und geschlossenen Augen still da. Man kann leicht erkennen, dass sie verstehen, was das Signal impliziert - vor ihrem inneren Auge können sie bereits sehen, was in Kürze passieren wird.

Diesen Unterschied in ihrem Verhalten kann man nutzen, um zu beobachten, was Tiere tief in ihrem Inneren von Verschiedenem halten, das in ihrem Leben passieren kann. Eine Gruppe schwedischer

Forscher hat z. B. herausgefunden, dass Lämmer eine positive Erwartungshaltung zeigen, wenn ihnen angedeutet wird, dass sie in Kürze mit anderen Lämmern spielen dürfen. Und britische Forscher haben entdeckt, dass Hühner ganz aufgeregt vor lauter Vorfreude werden, wenn sie gleich einen Raum betreten dürfen, in dem sie sandbaden können.

Man hat auch untersucht, welche Mechanismen im Gehirn hinter dem Erwartungsverhalten liegen. In einem Experiment sollten Hühner lernen, dass ein Lichtsignal Mehlwürmer, ihre Lieblingsspeise, ankündigte. Zwischen Signal und Belohnung zeigten sie alle Verhaltensweisen, die Hühner normalerweise dann an den Tag legen, wenn sie etwas Gutes erwarten. Sie waren aktiver und erkundungsfreudiger und wechselten rasch zwischen unterschiedlichen Aktivitäten. Dann wurde ihnen ein Wirkstoff injiziert, der die Dopaminausschüttung im Gehirn blockiert. Dopamin gehört zu den Botenstoffen, die dafür sorgen, dass Enthusiasmus, Freude und Glück empfunden werden können. Wir selbst werden ebenfalls von Dopamin beeinflusst, in dieser Hinsicht sind wir Hühnern also sehr ähnlich. Als die Versuchstiere dank des Wirkstoffs die Auswirkungen des Dopamins nicht mehr spürten, legten sie kein Erwartungsverhalten mehr an den Tag. Es schien sie nicht zu kümmern, dass sie in Kürze etwas Leckeres bekommen sollten, und sie waren anschließend weniger eifrig darin, die sonst so begehrten Würmer aufzufressen.

Es besteht kein Zweifel daran, dass Schweine, Kühe und Hühner Empfindungen, Gefühle und Erwartungen haben, die den unseren nicht unähnlich sind. Wenn ihr Leben sich in einem langweiligen und erlebnisarmen Umfeld abspielt, werden sie niedergeschlagen und deprimiert. Sie haben Bedürfnisse, die sie befriedigen möchten, und sind bereit, eine ganze Menge zu ertragen, um diese ausleben zu können. Erwartungen, Enttäuschung und Freude sind Teil ihres Alltags. Ihr Seelenleben unterscheidet sich ganz einfach nicht sonderlich von dem unseren.

Wenn Schweine erzählen

Man braucht sich nicht lange in einem Hühner- oder Schweinestall aufgehalten zu haben, um eine wichtige Eigenschaft beider Tierarten zu entdecken: Sie geben unaufhörlich Laute von sich. Tatsächlich sind diese so intensiv, dass zur üblichen Arbeitsausrüstung vieler Bauern ein Gehörschutz gehört. Das ist eigentlich etwas schade, denn wenn man die Ohrenschützer abnimmt und gut zuhört, wird einem schnell klar, dass die Tiere viel zu sagen haben. Und sie hören nicht nur einander zu, sondern auch dem, was wir Menschen beizutragen haben.

Schweine grunzen, Kühe muhen, Schafe mähen und Hühner gackern - das wissen alle. Aber Grunzlaute können ganz unterschiedlich klingen und ein Muhen kann sehr viel bedeuten, abhängig davon, wie laut, tief und lang es erklingt. Die armen missverstandenen Hühner, die oft als »aufgescheucht gackernd« beschrieben werden, verfügen über mindestens 30 verschiedene Laute, die sie verwenden, um unterschiedliche Dinge zu kommunizieren. Jeder Laut wiederum kann in Intensität und Detailreichtum variieren, um die Botschaft nuanciert zu überbringen und an den Zuhörer anzupassen.

Die Laute, die Tiere produzieren, sind außerdem einer der wichtigsten Schlüssel, um ihre Gefühle und Gedanken verstehen zu können. Deutsche Forscher haben die Laute, die Schweine in unterschiedlichen Situationen von sich gaben, in die sie auf einem Hof geraten - z. B. wenn sie in Kontakt mit Menschen sind oder in einer neuen und unbekannten Umgebung zurechtkommen müssen -, aufgenommen und analysiert. Zugleich hat man ihren Puls als Indikator für ihr Stressniveau gemessen. Man fand heraus, dass die produzierten Laute sehr gut widerspiegelten, wie gestresst die Tiere waren. Tiefe, kurze Laute sind demnach typisch für ruhige und ausgeglichene Schweine. Wenn sie aufgeregt sind und Angst oder Schmerzen haben, werden ihre Laute heller, intensiver und lang gezogener. Es gibt also viele Gründe, genau hinzuhören.

Wer zuhört, ist wichtig

Hühner verfügen, wie gesagt, über einen großen Vorrat an unterschiedlichen Lauten, die für unterschiedliche Botschaften Anwendung finden. Das Gegacker, das viele Menschen mit einem Hühnerhof verbinden, ist eigentlich ein Warnlaut. Nähert sich eine Gefahr, bricht die ganze Schar zusammen in ein intensives Gackern aus, das einerseits diejenigen warnt, die die Gefahr noch nicht erkannt haben, und andererseits dem Räuber klarmacht, dass er entlarvt ist. Eine Katze oder ein Hund kann diesen Lärm verursachen - aber eben auch ein plötzlich auftauchender Mensch. Deswegen vernimmt man als menschlicher Beobachter normalerweise auch just diesen Laut.

Doch es handelt sich dabei nur um einen von mehreren Warnlauten, die Hühner von sich geben können. Kommt die Gefahr z. B. aus der Luft, klingen sie ganz anders. Wenn sie einen Raubvogel in der Ferne sehen, geben sie einen langgezogenen, gurrenden Laut von sich. Die Schar reagiert darauf, indem sie Schutz unter Büschen und Bäumen sucht.

Handelt es sich dabei vielleicht nur um Reflexe, um unbewusste Kontraktionen im Stimmapparat als Reaktion auf einen bestimmten Reiz? Nein, sie werden wesentlich aktiver und bewusster verwendet. Wenn ein Huhn alleine ist, ist es viel weniger wahrscheinlich, dass es einen Warnlaut ausstößt, als wenn andere in der Nähe sind. Am wahrscheinlichsten stößt es eine Warnung aus, wenn sich Hühner, die es gut kennt, in Hörweite befinden. Die Laute sind dazu da, den anderen in der Gruppe aktiv und bewusst von einer nahenden Gefahr zu berichten. Das Huhn variiert außerdem seinen Warnlaut abhängig davon, wie nah die Gefahr ist und wie schnell sie sich bewegt. Der Rest der

→

Pferde können keine Gedanken lesen, auch wenn sich dieser Eindruck vielleicht beim Reiten vermittelt. Sie sind einfach nur unglaublich scharfe Beobachter unserer Körpersprache.

Gruppe lauscht aufmerksam, und je intensiver der Ruf ist, desto stärker reagieren die anderen darauf.

Wer schon einmal das Glück hatte zu erleben, wenn ein Huhn seine eigenen Eier ausbrüten und seine Schar Küken selbst versorgen darf, hat vermutlich ein reiches Repertoire an unterschiedlichen Lauten im Gespräch der Mama mit ihren Jungen vernommen. Was einem sofort auffällt, ist der sogenannte Futterlaut. Wenn das Huhn mit seinen Küken unterwegs ist und etwas Essbares findet, ein leckeres Korn oder einen Wurm beispielsweise, gibt es eine Reihe leiser, heller und kurzer Gluckerlaute von sich. Diese veranlassen die Küken, sich rasch um es zu scharen, um von dem Guten etwas abzubekommen. Die Mama hält ihre Beute mit dem Schnabel fest, damit alle diese erreichen können und Gelegenheit zum Fressen bekommen.

Der Hahn hat einen ähnlichen Laut, den er in entsprechender Situation zur Anwendung bringt.

Er wendet sich allerdings den Hühnern in der Gruppe zu, die, wie ihre Küken, schnell herbeilaufen, um zu sehen, was es gibt. Während sie sich mit seinen Leckerbissen eindecken, nutzt der Hahn oft die Gelegenheit, sich rasch mit einem von ihnen zu paaren. Der Weg zum Herzen eines Huhns geht offenbar durch den Magen.

Genau wie im Fall der Warnlaute achtet der Hahn genau darauf, ob es Zuhörer gibt oder nicht. Ist er alleine, kräht er selten und lässt sich das gefundene Futter selbst schmecken. Wenn Hühner in der Nähe sind, ist es ihm wichtiger, sie anzulocken und zu teilen, dann benutzt er seinen Futterlaut, so oft er kann.

Das Mutterschwein im Gespräch mit seinen Ferkeln

Auch Schweine nutzen ihre Stimme für die unterschiedlichsten Formen der Kommunikation. Der Kontakt zwischen dem Mutterschwein und seinen Ferkeln funktioniert großteils mithilfe unterschiedlicher Laute. Besonders deutlich zeigt sich dies beim Säugen. Mit seinem intensiven

Zusammenspiel zwischen Mutter und Jungen weist das Schwein tatsächlich das ausgefeilteste Säugeverhalten in der Welt der Säugetiere auf. Das mag daran liegen, dass Ferkel weiter entwickelt als viele andere Säugetiere zur Welt kommen und bereits innerhalb weniger Minuten nach der Geburt selbstständig laufen und saugen können. Deshalb sind besondere Mechanismen nötig, um sicherstellen zu können, dass jedes Einzelne der im Schnitt zehn Jungen eines Wurfs bekommt, was es braucht.

Während des Säugens selbst grunzt das Mutterschwein immerfort. Es verwendet ein besonderes »Milchgrunzen«, das jede zweite oder auch jede Sekunde wiederholt wird. Solange es langsam und gleichmäßig grunzt, wissen die Ferkel, dass von ihnen erwartet wird, die ihnen zugeteilte Zitze zu finden (jedes Ferkel saugt immer an derselben Zitze) und das Gesäuge mit dem Rüssel zu stimulieren. In diesem Stadium fließt noch keine Milch. Erst wenn die Mutter nach einer oder mehreren Minuten beginnt, zwei- bis dreimal pro Sekunde zu grunzen, können sie damit rechnen, etwas zu fressen zu bekommen. Wenn die Ferkel hören, wie das Grunzen zunimmt, ist es an der Zeit für sie, ihre jeweilige Zitze ins Maul zu nehmen und mit dem Saugen zu beginnen. Unmittelbar darauf fließt die Milch für etwa 20 Sekunden, danach ist Schluss. Ein Ferkel, das unaufmerksam war und nicht auf die Signale der Mutter geachtet hat, verpasst seine Mahlzeit.

Wenn die Milch nicht mehr fließt, verstummt das Muttertier, doch seine Jungen massieren und stimulieren noch bis zu zehn weitere Minuten das Gesäuge. Je mehr Milch sie meinen zu brauchen, desto mehr massieren sie, und wie als Antwort darauf produziert die Mutter bis zum nächsten Säugen entsprechend etwas mehr Milch. Ehe sich die Ferkel dieser Nachmassage widmen, kommt es vor, dass eines oder mehrere von ihnen das Gesäuge loslassen und zur Schnauze der Mutter laufen, wo sie eine Reihe von Lauten von sich geben, die an das Quaken von Fröschen erinnern. Offenbar teilen sie ihr auf diese Weise mit, dass sie noch eine Weile liegen bleiben soll, damit die Ferkel sie ordentlich massieren und kundtun können, wie viel Milch sie beim nächsten Säugen brauchen. Dieser ganze Prozess wiederholt sich in den ersten Lebenswochen der Ferkel etwa stündlich, 24 Stunden pro Tag. Es ist lebenswichtig, dass die Milch so effektiv und gerecht wie möglich verteilt wird – ein Ferkel verdoppelt in der ersten Woche nach seiner Geburt sein Körpergewicht. Doch dieses empfindliche Zusammenspiel kann durch viele unterschiedliche Faktoren gestört werden. Eisenrohre, die in der Box angebracht werden, um Mutter und Ferkel getrennt zu halten, können Letztere daran hindern, das Gesäuge zu stimulieren, und die Stallgeräusche und der Lärm von Ventilatoren können dazu führen, dass sie das Grunzen ihrer Mutter nicht hören und dadurch Mahlzeiten verpassen. Ventilatoren in modernen Schweineställen können leicht hohe Lärmpegel erreichen, welche die Signale der Tiere übertönen.

Muhen und Blöken

Rinder haben ebenfalls eine reiche Sprache, auch wenn die meisten Menschen dabei wahrscheinlich am ehesten an ihr lautes Muhen denken. Aber sogar das ist variantenreicher und nuancierter, als man zunächst glauben möchte. Kühe können Artgenossen an ihrem Muhen erkennen, und wenn eine Kuh ihr Kalb bei sich haben darf, werden die Laute genutzt, um aufeinander achtzugeben. Haben Kühe Schmerzen, wird es zu einem gellenden Schreien, und eine einzelne Kuh, die von der Herde getrennt wurde, muht intensiv und lautstark mit einem Ton, der sich von allen anderen unterscheidet, die Kühe von sich geben können.

Auch auf die menschliche Stimme reagieren Kühe stark. Sie ziehen eine freundliche Stimme einer wütenden vor und können z. B. problemlos lernen, zum Melken zu kommen, wenn ihr Name gerufen wird. Die Forschung hat gezeigt, dass eine Kuh nichts mehr scheut als eine schreiende, unfreundliche Menschenstimme. Durch Studien, in denen man ihre Reaktionen auf Maschinenlärm, auf Krach durch die Stallausstattung und sogar auf gewaltsame Behandlung und Schläge verglich, hat man herausgefunden, dass sie einen schreienden Menschen am allerschlimmsten finden.

Auch Schafe sind bedeutend eloquenter als ihr Ruf. Natürlich sagen sie »Mäh«, allerdings auf viele verschiedene Arten. Zudem verfügen sie über eine lange Reihe weiterer Laute, um verschiedene Botschaften und Gefühle zu vermitteln. In einer großen Herde mit Dutzenden von Schafen hat ein Lamm keinerlei Probleme, seine Mutter zu finden, indem es einfach ihrem Blöken folgt. Und das Mutterschaf erkennt auf dieselbe Weise die Stimme seines eigenen Lamms wieder.

Wer daran zweifelt, dass unsere Nutztiere Gefühle und Empfindungen haben, muss nur ein Weilchen an einer Schafweide, einem Kuh- oder einem Schweinestall stehen bleiben und lauschen. Oder warum nicht einmal eine Schar Hühner, die auf einem Hof herumstolziert, aufspüren und eine Stunde lang zuhören, was sie alles unablässig zu besprechen haben? Es besteht die große Chance, dass Sie Ihr Kotelett, Ihren Käse und Ihr Hähnchenfilet danach mit etwas anderen Augen sehen.

Die Magie der Körpersprache

Britta Blomqvist ist schwer an Epilepsie erkrankt und hat ihre Erfahrungen im Buch »Atlas, mein Schutzengel« (2018) beschrieben. Atlas war ihr Collie, der immer dann Alarm schlug, wenn Britta kurz vor einem Anfall stand - und zwar, ehe sie selbst etwas davon ahnte. Nach einiger Zeit wurde Atlas Schwedens erster zertifizierter Epilepsie-Hund. Am erstaunlichsten an der Geschichte ist aber, dass niemand sagen kann, welche Signale der Hund an seinem Frauchen ablesen konnte. Sie selbst weiß es nicht, und nicht einmal die Ärzte können einen Anfall so vorhersehen, wie Atlas es tat.

Atlas und Britta illustrieren auf fantastische Weise, wie Hunde an Menschen die subtilsten Körpersignale, die man sich vorstellen kann, ablesen können. Wenn Suchhunde darauf trainiert werden, Drogen zu finden, darf der Hundeführer aus diesem Grund auch nicht wissen, wo sich die Proben tatsächlich befinden. Sie lesen blitzschnell die kleinen, unbewussten Körpersignale, die wir alle aussenden, und verlassen sich darauf mehr als auf ihre anderen Sinne.

Man kann leicht die Schlussfolgerung ziehen, dass Tiere unsere Gedanken lesen können. Das Pferd wirkt, als wüsste es, was der Reiter will, ehe dieser Schenkel oder Zügel zum Einsatz gebracht hat. Allein bei dem Gedanken, dass wir unser Pferd dazu bringen möchten, nach links abzubiegen, senden wir kleine, unmerkliche Signale aus, die es versteht, ehe wir überhaupt dazu gekommen sind, ein entsprechendes Kommando zu geben. Aber sie können keine Gedanken lesen, sondern sind einfach unglaublich scharfe Beobachter unserer Körpersprache.

Hunde und Pferde zeigen, dass wir die ganze Zeit mit Tieren kommunizieren, solange sie uns sehen können. Was bedeutet dies nun für die Tiere in landwirtschaftlichen Betrieben?

Taten haben Konsequenzen

Schweine verbringen ihr Leben zusammen mit anderen Schweinen in kleinen kargen Boxen. Doch ihr Besitzer schaltet und waltet über ihr Leben. Er oder sie taucht einige Male pro Tag auf, um die Box sauber zu machen, zur Fütterung oder um einer anderen Verpflichtung im Stall nachzukommen. Was denken die Schweine also über uns Menschen? Sind wir nur Schatten, die sich am Rande ihres Blickfelds bewegen, oder sehen sie uns als lebendige, denkende Geschöpfe? Und wie nehmen Kühe Menschen wahr, wenn sie tagtäglich beim Melken auf sie treffen? Dass die Tiere in der Landwirtschaft die Menschen beäugen und darauf reagieren, was sie tun, ist nichts Neues. Man macht ihnen beispielsweise leicht Angst, indem man sie anschreit, schlägt oder sich unberechenbar verhält. Die Erinnerung an unangenehme Erlebnisse sitzt tief und kann für die Tiere selbst wie auch für den Besitzer folgenschwer sein. Australische Forscher haben herausgefunden, dass bis zur Hälfte der Differenz in der Menge produzierter Milch zwischen verschiedenen Betrieben davon abhängt, wie viel Angst die Kühe vor ihren Besitzern haben. Je ängstlicher die Kühe, desto weniger Milch geben sie. Dass dieser Umstand tatsächlich damit zu tun hat, dass sie die Menschen, die sie versorgen, wiedererkennen, wurde von einer anderen

Gruppe von Forschern gezeigt. Sie ließen bestimmte Personen die Kühe streng und unfreundlich behandeln, während andere freundlich und zugewandt im Umgang waren. Im Anschluss musste die unfreundliche Person nur im Stall anwesend sein, damit die Kühe weniger als die Hälfte der sonst üblichen Milchmenge gaben.

Man kann also der Angst der Kühe entgegenwirken, indem man sie freundlich behandelt. Wenn man sie streichelt, bürstet und ruhig mit ihnen spricht, lernen sie schnell, menschlichen Kontakt zu schätzen. Das zeigt sich nicht nur in der Milchproduktion, sondern auch am niedrigeren Stresspegel. Die Stresshormone werden weniger und der Puls sinkt. Studien mit Schafen kamen zu demselben Ergebnis.

Andere Forschung hat gezeigt, dass die Persönlichkeit der Landwirte sowohl Kühe als auch Schweine beeinflusst. Jemand, der recht introvertiert und geduldig veranlagt ist, dessen Schweine und Kühe sind ruhiger und einfacher in der Handhabung. Sie produzieren außerdem mehr Milch und wachsen schneller.

Sowohl Schweine also auch Kühe sind zudem gut darin, Menschen zu unterscheiden. Sie merken schnell, wenn eine ihnen unbekannte Person in den Stall kommt. Wenn verschiedene Menschen sich ihnen gegenüber unterschiedlich verhalten, lernen sie, die weniger nette Person zu meiden und in Gegenwart der freundlichen ruhig und entspannt zu sein.

Sehen sie uns an, was wir wollen?

Deutsche Forscher haben untersucht, was Schweine an menschlichen Gesten und Gebärden erfassen können. Sie liehen sich einen einfachen Test aus, der zuvor von Hundeforschern verwendet worden war. Nacheinander wurden Schweine einzeln in eine Box gelassen, in der ein Mensch an der gegenüberliegenden Wand zwischen zwei identischen Futterschüsseln stand. Wenn das Schwein in die Box kam, zeigte die Person mit verschiedenen Gesten, welche der Schalen ein paar Weintrauben enthielt, die Lieblingsspeise aller Schweine. In manchen Versuchen wurde nur kurz auf die richtige Schale gezeigt, in anderen so lange darauf gedeutet, bis das Schwein sich entschieden hatte, welche Schale es genauer unter die Lupe nehmen wollte. Weitere Variationen bestanden darin, die richtige Schale anzusehen oder darauf zu blicken und gleichzeitig darauf zu zeigen. Die Frage war nun, ob die Schweine die menschlichen Signale richtig interpretieren konnten. Keines von ihnen war vorher etwas beigebracht worden und sie waren mit fünf Wochen alle so jung, dass sie noch keine Gelegenheit gehabt hatten, viel Kontakt mit Menschen zu haben.

Trotz ihrer mangelnden Erfahrung war das Ergebnis absolut überzeugend: Die Schweine hatten keine Probleme, die Bedeutung der Signale zu verstehen. Je mehr Hilfe sie erhielten, z. B. indem die Person lange auf die richtige Schale sah sowie zeigte, desto größer war die Chance, dass sie direkt zu ihr gingen. Sie bestanden den Test durchweg etwa genauso gut wie die Hunde, die andere Forscher auf dieselbe Weise untersucht hatten. Verschiedene ergänzende Tests zeigten, dass die Schweine nicht »schummelten«, indem sie z. B. ihren Geruchssinn anwendeten. Es waren wirklich die Gesten, die sie lenkten.

Junge unerfahrene Schweine verstehen also menschliche Signale. Indem sie unserem Blick und unseren Zeichen folgen, lassen sie erkennen, dass wir in ihren Augen Individuen sind, mit denen man kommunizieren kann. Sie erkennen nicht nur unterschiedliche Personen wieder, wie wir bereits gesehen haben, sondern betrachten jeden Einzelnen wie einen möglichen Gefährten, dessen Gesten Beachtung geschenkt werden sollte.

Aber verstehen sie wirklich, dass wir Menschen Dinge denken und erleben und dass diese Erlebnisse sich von ihren eigenen unterscheiden können? Die Fähigkeit, anderen Individuen Gedanken und Perspektiven zuzuschreiben, die nicht den eigenen entsprechen, nennt man Mentalisierung. Erwachsenen Menschen gelingt dies mit Leichtigkeit – »ich weiß, dass du nicht weißt, was mein Freund über mich weiß«. Bei Kindern entwickelt sich diese Fähigkeit erst im Alter von etwa drei Jahren und viele Forscher haben lange daran gezweifelt, dass außer uns selbst auch einige andere Tiere mentalisieren können. Inzwischen gilt es jedoch als belegt, dass z. B. viele Affenarten es können, aber auch Hunde und sogar Raben weisen deutliche Zeichen dieser Befähigung auf. Kann ein Schwein jedoch begreifen, dass die menschliche Perspektive auf die Umwelt sich möglicherweise von der seinen unterscheidet?

Dieselbe Gruppe deutscher Forscher, die die »Zeigestudien« durchführte, realisierte auch ein Experiment, mit dem ein Aspekt der Mentalisierung untersucht werden sollte. Versteht ein Schwein, wo die Aufmerksamkeit eines Menschen gerade liegt?

Die Schweine kamen einzeln in eine Box, in der sich zwei Menschen befanden. Die Tiere hatten sich im Vorfeld mit diesen bekannt machen dürfen und, wenn sie zu ihnen gegangen waren, als Belohnung ein kleines Stück Apfel erhalten. Als die Schweine nun einzeln hereinkamen, verhielten sich die beiden Personen etwas unterschiedlich. Die eine sah das Schwein an, während die andere wegsah und den Eindruck erweckte, ihre Aufmerksamkeit läge auf etwas ganz anderem. Die Frage war nun, auf welche Person das Schwein zugehen würde.

Hier gab es keinen Zweifel: Die Schweine zogen es vor, zu der Person zu gehen, die ihnen Gesicht und Blick zuwandte. Sie begriffen ganz einfach, dass die Chance auf ein Stück Apfel am größten war, wenn sie sich derjenigen näherten, deren Aufmerksamkeit auf sie gerichtet war. Um diese Wahl zu treffen, mussten sie mentalisiert, also verstanden haben, dass die beiden Menschen unterschiedliche Perspektiven auf das Geschehen in der Box hatten.

Für Schweine und Kühe sind wir Menschen nicht nur diffuse Wesen, die bei ihnen ausmisten. Sie betrachten uns als Lebewesen, mit denen sie ihr Leben teilen, als Individuen mit eigenen Gedanken und Perspektiven. Sie kommunizieren gerne mit uns, wenn ihnen die Möglichkeit dazu gegeben wird, und sie reagieren stark darauf, wie wir sie behandeln. Dies bringt zweifelsohne eine große Verantwortung für denjenigen mit sich, der sich ihrer annimmt, ehe sie in Steak und Kotelett verwandelt werden.

04.

WER BIST DU, WER BIN ICH?

»Ein Huhn allein ist verlassen und hilflos, wenn aber ein paar zusammen sind, vielleicht auch mit einem oder mehreren Hähnen, bilden sie eine kleine Gemeinschaft.«

SCHAFE ALS INDIVIDUEN

KAUM ETWAS ist so vergnüglich wie das Betrachten einer Schafweide im Frühling, wenn das Lammen gerade vorbei ist. Die Mutterschafe sorgen sich unentwegt um die Lämmer und deren Ideen. Regelmäßig unterbrechen sie das Grasen, um ihren Kontaktlaut zu blöken, während die neugeborenen Lämmer gar nicht genug davon bekommen können, all die neuen Eindrücke der Welt in sich aufzusaugen. Zwischen den Mahlzeiten an Mamas Zitze hüpfen, rennen und spielen sie miteinander, und ihre unbändige Lebensfreude lässt keinen Betrachter unberührt. In diesem Moment möchte man nicht daran denken, dass sie in wenigen Monaten von der Herde getrennt, in einen Laster geladen und zu einem Schlachthof gefahren werden.

Aber wie schaffen sie es, einander im Auge zu behalten? Das Mutterschaf scheint nie einen Zweifel zu hegen, welches der Dutzenden von Lämmern sein eigenes Junges ist. Wenn ein falsches Lamm versucht zu trinken, wird es mithilfe von Stößen und Tritten brüsk auf seinen Fehler aufmerksam gemacht. Es kommt freilich nicht zu vielen Fehltritten, denn Mutter und Lamm erkennen einander auch auf große Entfernungen und haben keine Probleme, einander zu finden, wenn Essenszeit ist oder die Herde sich zu neuen Weideflächen aufmacht. Die Wissenschaft weiß seit Langem um die Relevanz der Stimme und des Geruchs für das gegenseitige Wiedererkennen. Ein Mutterschaf kann die Stimme ihres eigenen Lamms unter massenhaft unterschiedlichen Lauten identifizieren und das Lamm erkennt instinktiv das Blöken der eigenen Mutter. Wenn es trinkt, wedelt es intensiv mit dem Schwanz. So verteilt es aus Drüsen an seinem Hinterteil Duftstoffe, die bei jedem Tier einzigartig sind und das Mutterschaf mit großer Präzision sein Junges identifizieren lassen.

Hingegen dachte man lange, dass das Sehen beim Wiedererkennen unter Schafen eine untergeordnete Rolle spielt. Wir selbst schauen einander in erster Linie ins Gesicht, um bekannt von unbekannt zu unterscheiden, doch Schafe sind einander so ähnlich, dass es unwahrscheinlich erscheint, dass sie es genauso machen. Was jedoch unsereins identisch vorkommt, muss für Schafe nicht das Gleiche bedeuten. Tatsächlich hat die Forschung gezeigt, dass wir gründlich falsch lagen – jedes Schaf hat ein einzigartiges Gesicht und die anderen in der Herde machen von diesem Umstand in etwa ebenso Gebrauch wie wir, wenn wir Unterschiede zwischen individuellen Gesichtszügen dazu nutzen, andere Menschen wiederzuerkennen und uns an sie zu erinnern.

Kein Schafskopf ist gleich

Bereits zu Beginn der 1990er-Jahre konnten Forscher zeigen, dass Schafe ein besonders gutes Auge für Gesichter haben. Sie trainierten eine Gruppe von ihnen darauf, in einem einfachen Labyrinth Bilder von den Gesichtern anderer Schafe mit Futter zu assoziieren. Wählten sie einen Gang im Labyrinth, in dem ein bestimmtes Tier abgebildet war, winkte eine leckere Belohnung. Ein weiterer Gang mit dem Bild eines anderen Schafskopfs war dagegen leer. Die Schafe im Experiment lernten schnell, was bewies, dass sie die verschiedenen abgebildeten Gesichter unterscheiden konnten.

Man könnte meinen, dass die Schafe die Bilder einfach als unterschiedliche abstrakte Formen ansahen und begriffen, welches davon mit Futter verknüpft war. Das konnten die Forscher allerdings mit dem Versuch, die Schafe dazu zu bringen, stattdessen Bilder von einem Kreis oder einem Rechteck mit Futter zu verbinden, ausschließen. Dies erwies sich für sie als deutlich schwieriger. Gleichermaßen kompliziert wurde es, wenn die Forscher die Porträts auf den Kopf stellten, sodass sie richtigen Schafsgesichtern nicht mehr ähnelten. Zwischen richtigen Bildern verschiedener Artgenossen zu unterscheiden ist für ein Schaf dagegen ein Leichtes.

Es ist eine Sache, den Unterschied zwischen verschiedenen Gesichtern zu erkennen, doch wie lange können sie sich aneinander erinnern? Forscher verwendeten exakt die eben beschriebene Labyrinth-Methode, um Schafen beizubringen, zwischen 25 Bildpaaren mit Gesichtern von Schafen aus der eigenen Herde zu unterscheiden. Bei jedem Paar war eines der Gesichter mit einer Futterbelohnung verknüpft. Die Schafe wurden mit Bildern trainiert, die von vorne aufgenommen waren. Als sie aber gelernt hatten, welches Gesicht Leckereien signalisierte, konnten sie auch Profilbilder derselben Gesichter unterscheiden. Dies zeigte, dass sie Gesichter nicht nur als abstrakte Formen begriffen, sondern sie wirklich als Abbildungen bestimmter Individuen betrachteten. Im Anschluss testete man, wie lange die Schafe sich die Gesichter merken konnten. In Tests, die mehr als zwei Jahre nach dem Training mit derselben Gruppe Schafe durchgeführt wurden, erkannten diese die Gesichter, die zuvor mit einer Belohnung verknüpft gewesen waren, immer noch wieder.

Dieses fantastische Gedächtnis für Gesichter war darüber hinaus nicht davon abhängig, ob die abgebildeten Schafe zu dem Zeitpunkt noch Teil der Herde waren oder nicht. Nach dem ersten Test war ein Teil der Tiere, die auf den Bildern vorkamen, weiterverkauft oder geschlachtet worden, aber die Erinnerung an ihre Gesichter lebte unverändert in den Schafen fort, die zwei Jahre zuvor mit ihnen trainiert worden waren. Die Fähigkeit, zwischen unterschiedlichen Individuen zu unterscheiden, war unverändert gut, auch wenn sie ein Gesicht über Monate oder Jahre nicht gesehen hatten. War das abgebildete Schaf aber wirklich noch Teil der Gruppe, war die Reaktion auf die Bilder im Experiment oft noch etwas stärker. Nicht genug damit, dass die Tiere ihre Artgenossen im Test selbst wiedererkannten - wenn sie sie sahen, blökten sie so, wie Schafe es üblicherweise tun, um einander draußen auf der Weide zu finden.

Dich kenn ich doch!

Das Bild eines bekannten und lieben Gesichts kann beruhigend sein, das wissen all diejenigen unter uns, die das Foto ihres Partners oder ihrer Kinder auf dem Schreibtisch stehen haben. Gilt das auch für Schafe? Um dies zu untersuchen, setzten die Forscher ein paar Tiere dem Schlimmsten aus, das sie sich vorstellen konnten: Einsamkeit. Diese extrem ausgeprägten Herdentiere werden gestresst und aufgeregt, wenn sie von den anderen isoliert werden, und man wollte herausfinden, ob Fotografien verschiedener Mitglieder ihrer Herde dieses Unbehagen zu mindern vermochten. Enthielt die abgeschiedene Box ein Foto eines ihnen bekannten Tiers, fielen die Stressreaktionen stark gedämpft aus. Die isolierten Schafe legten ein weniger aufgeregtes Verhalten an den Tag, hatten einen niedrigeren Puls und sonderten weniger Stresshormone ins Blut ab, als wenn die Box keinerlei Bilder enthielt. Dieser Effekt konnte mit Bildern verschiedener abstrakter Symbole nicht erzielt werden, auch ein Foto vom Gesicht einer Ziege beruhigte die Schafe nicht.

Es gibt ein weiteres wichtiges Wesen im Leben der Schafe: den Menschen, der sie versorgt. Erkennen sie ihren Besitzer genauso gut wie andere Schafe? Ja. Forscher haben herausgefunden, dass sie zwischen einem bekannten und einem unbekannten Menschengesicht mit etwa derselben Leichtigkeit unterscheiden können, wie sie unterschiedliche Artgenossen identifizieren. Sie erinnern sich auch an menschliche Gesichter ebenso gut wie an die von Schafen. Diese beinahe mit dem Menschen vergleichbare Fähigkeit liegt darin begründet, dass ihre Gehirne Strukturen zur Gesichtserkennung enthalten, die den unseren sehr ähneln. Ein bestimmter Teil der Hirnrinde ist für diese Eigenschaft zuständig, die sowohl bei Schafen als auch bei Menschen in der rechten Gehirnhälfte verortet ist. Wir sind ganz offensichtlich nicht so unterschiedlich, wie man meinen sollte.

Schafe lernen schnell, wie wir aussehen

Eine andere Forschergruppe stellte sich die Frage, wie gut Schafe darin sind zu lernen, ihnen ganz fremde menschliche Gesichter wiederzuerkennen. Man zeigte den Schafen Bilder zweier unterschiedlicher

→

Ziegen und Schafe sind intelligente und empfindsame Lebewesen. Die Behauptung des Gegenteils dient vermutlich nur dazu, unser Gewissen zu beruhigen, wenn wir sie schlachten und essen.

Gesichter auf je einem Computerbildschirm. Wenn die Schafe mit der Schnauze das Gesicht berührten, das sie identifizieren sollten, bekamen sie eine Belohnung. Um sicherzugehen, dass die Schafe die Gesichter, mit denen sie trainiert wurden, niemals zuvor gesehen hatten, entschied man sich für internationale Berühmtheiten. Ein Gesicht zeigte z. B. Barack Obama, den ehemaligen Präsidenten der USA, und ein anderes die bekannte Schauspielerin Emma Watson. Die Schafe lernten schnell, Obama bzw. Watson von anderen Gesichtern zu unterscheiden. Danach wurde diese Fähigkeit getestet, wenn die Gesichter in unbekannten Winkeln gezeigt wurden. Die Tiere bewältigten die Aufgabe galant, und damit war klar, dass sie nicht nur gelernt hatten, ein abstraktes Bild wiederzuerkennen, sondern auch die Person hinter dem Gesicht.

Im letzten Teil dieses Experiments wollte man sehen, wie die Schafe sich in einer ähnlichen Situation einem ihnen wohlbekannten Gesicht gegenüber verhalten würden, nämlich dem ihres weiblichen Schäfers. Nun mussten sie plötzlich zwischen zwei Gesichtern wählen, die sie noch nie zuvor auf einem Foto gesehen hatten, einem unbekannten und einem, das die Person zeigte, die sie jeden Tag versorgte. Keines der Gesichter war im Vorfeld mit einer Belohnung gekoppelt worden. Ohne trainiert worden zu sein, entschieden sich fast alle, ihre Besitzerin anzutippen. Zweifellos erkannten sie die Person einzig mithilfe des Fotos von ihrem Gesicht wieder und assoziierten sie außerdem mit etwas Positivem.

Schafe leben, ebenso wie andere landwirtschaftliche Nutztiere, mit dem hartnäckigen Ruf, dumm zu sein. Kann es sich hierbei um einen Rechtfertigungsmechanismus von uns Menschen handeln? Möglicherweise fällt es uns leichter zu rechtfertigen, dass wir sie schlachten und essen, wenn wir sie als wenig intelligent ansehen können? Es ist schwer zu sagen, woher diese Gerüchte stammen und welche Funktion sie für uns erfüllen. Einfach ist es hingegen, mithilfe der Forschung den Gegenbeweis anzutreten.

Schafe sind nicht dumm, sie sind soziale Tiere mit einer erstaunlichen Fähigkeit, die anderen in der Herde im Auge zu behalten. Sie erkennen ihre Schäfer wieder und vertrauen darauf, dass sie ihnen wohlgesonnen sind. Außerdem sind sie empfindsame Lebewesen, die voll und ganz auf den sozialen Rückhalt durch andere angewiesen sind, damit es ihnen gut geht. Alleine sind sie ganz einfach hilflos und verunsichert. In dieser Hinsicht sind sie uns recht ähnlich.

Hühner und ihre Schar

»Dummes Huhn« sagen wir manchmal zu anderen Menschen, von denen wir finden, dass sie sich wirr und wenig intelligent benehmen. Das ist eine zutiefst ungerechte Beleidigung. Wenn Hühner die Gelegenheit haben, im Einklang mit ihren Instinkten und natürlichen Voraussetzungen zu leben, sind sie alles andere als dumm.

Zu Hause in meinem Garten lebt eine kleine Schar Hühner. Sie spazieren frei herum und tun, was ihnen gerade einfällt. Am liebsten scharren sie nach Nahrung, obwohl ich sie mit sorgfältig zusammengestelltem Futter versorge, das ich für viel Geld im Landwirtschaftsbedarf einkaufe. Für Hühner ist die Sache klar - ein paar Körner oder fette Larven, die sie nach beharrlichem Suchen im Gemüsegarten finden, sind dem frei zugänglichen gekauften Futter immer vorzuziehen. Hier machen sich die Instinkte ihres Vorfahren, des Roten Dschungelhuhns, bemerkbar. In ihrer ursprünglichen Umgebung gibt es kein Fertigfutter, dort überlebt man nur, wenn man beinahe seine ganze Zeit damit zubringt, herumzustolzieren und nach Essbarem zu picken.

Meine Hühner wissen genau, wo man suchen muss, das haben sie bei ihren täglichen Ausflügen im Garten gelernt. Aber sie finden auch schnell neue Quellen für gutes Futter. Wenn ich anfange, im Winter die Vögel zu füttern, dauert es nicht lange, bis die Hühner die Futterstelle finden, hingehen und die Körner, die den Meisen und Spatzen heruntergefallen sind, aufsammeln.

Hühner sind soziale Tiere mit einem sehr stark ausgeprägten Herdentrieb. Ein Huhn allein ist verlassen und hilflos, wenn aber ein paar zusammen sind, vielleicht auch mit einem oder mehreren Hähnen, bilden

Kaum eine MILCHKUH darf jemals einen Stier treffen. Ist sie brünstig, wird sie mit Sperma befruchtet, das von einem der wenigen Stiere in den Besamungsstationen »gewonnen« wird.

HÜHNER und Hähne können zehn bis fünfzehn Jahre alt werden, wenn sie ein ruhiges Leben führen dürfen. In der Eierproduktion werden sie nach einem Jahr geschlachtet und die Hühnchen, die wir essen, werden nur 35 Tage alt.

SCHAFE werden mit einem langen Schwanz geboren und in Schweden dürfen sie diesen normalerweise auch ihr ganzes Leben lang behalten. Doch in vielen Ländern wird er den Lämmern abgeschnitten, um das Risiko für spätere Infektionen zu verringern.

FISCHE haben ein besonderes Organ, das Seitenlinienorgan genannt wird. Damit erspüren sie kleinste Druckveränderungen im Wasser und können so in großen Schwärmen zusammen schwimmen oder Raubtiere entdecken.

Ein SCHWEIN kann nicht schwitzen. Wenn es ihm zu warm wird, senkt es seine Körpertemperatur, indem es draußen auf der Weide Matschbäder nimmt. Oder es geht schwimmen – Schweine sind gute Schwimmer.

sie eine kleine Gemeinschaft. Sie haben strikte Umgangsregeln und kommunizieren intensiv miteinander. Hat eines etwas Essbares gefunden, dauert es nicht lange, bis die Information zu den anderen durchgedrungen ist, und wenn eines eine Gefahr entdeckt, muss der Rest dies sofort erfahren. Sie erkennen einander wieder und wissen genau, auf wen am meisten Verlass ist, wenn es gilt, neue Futterplätze aufzutun.

Wenn es zu viele Hühner werden

Das Leben in meinem Garten steht in auffallendem Kontrast dazu, wie es beinahe allen etwa acht Millionen eierlegenden Hühnern in Schweden ergeht. Die meisten leben mit zehntausenden anderen gleichaltrigen Hühnern in Ställen zusammen. Es mangelt an Platz, bis zu zehn Vögel teilen sich jeden verfügbaren Quadratmeter. Das industriell hergestellte Futter steht in den Futterbehältern stets zur Verfügung, doch es gibt nichts anderes Essbares, wonach man suchen könnte.

Am auffälligsten, wenn man in so einen großen Produktionsstall hineinblickt, ist, dass alle Hühner exakt identisch aussehen. Das ist nicht so merkwürdig: Sie gehören alle zur selben Rasse - oder zum selben Hybriden, wie die korrektere Bezeichnung für einen modernen Legehennentyp lautet - und sind alle exakt gleich alt. Die meisten dieser Hühner sind in Schweden weiß, und abgesehen von ihrem Kamm, der in Größe und Form variieren kann, gibt es kaum weitere Merkmale, die einem menschlichen Betrachter dabei helfen könnten, ein Huhn vom anderen zu unterscheiden. Aber wie verhält es sich mit den Hühnern selbst? Können sie Unterschiede an den anderen Tieren erkennen? Können sie ihre Rangordnung aufrechterhalten, soziale Gruppen bilden und Informationen austauschen?

Richard D'Eath und seine Forscherkollegin Linda Keeling haben untersucht, wie gut Hühner in unterschiedlich großen Gruppen einander eigentlich wiedererkennen können. Sie führten ein Experiment durch, in dem weiße Legehennen, alle im selben Alter, in Gruppen aufgeteilt wurden, die entweder aus 10 oder aus 120 Tieren bestanden. Wenn sie eine Weile zusammengelebt und die Möglichkeit gehabt hatten, einander ordentlich kennenzulernen, wurde ein Huhn in einen kleinen Käfig gesetzt, der so platziert wurde, dass alle anderen Hühner in der Gruppe ihn sehen konnten. In manchen Versuchsanordnungen war es ein bekanntes Huhn aus derselben Gruppe, das im Käfig saß, während es in anderen ein fremdes Tier war. Dann untersuchte man, wie die übrigen Hühner auf das Tier im Käfig reagierten.

Lebten die Hühner in kleinen Gruppen von zehn Tieren, hatten sie nicht die geringsten Probleme, das ihnen bekannte Huhn wiederzuerkennen, und schenkten ihm daher keine größere Aufmerksamkeit. Wenn der Käfig stattdessen ein fremdes Huhn enthielt, reagierten sie, wie Hühner es einem Eindringling gegenüber tun - sie zeigten Aggression und versuchten, es zu attackieren. Obwohl die weißen Hühner für das menschliche Auge beinahe identisch aussahen, wussten sie selbst ganz genau, wer Mitglied der Gruppe war und wer nicht dazugehörte.

Ein ganz anderes Muster trat auf, als man die Hühner aus den großen Gruppen mit 120 Tieren testete. Diese hatten großteils die Fähigkeit verloren, den Überblick darüber zu behalten, wer zu ihnen gehörte. Sie betrachteten alle als Neuankömmlinge. Man hätte entsprechend erwarten können, dass sie aggressiv gegenüber dem Vogel im Käfig gewesen wären und ihn im Glauben, er sei ein Eindringling, attackiert hätten - doch das war keineswegs das, was die Forscher beobachteten. Tatsächlich kam es im Grunde zu überhaupt keiner Aggressivität, egal ob ein Gruppenmitglied oder ein fremdes Huhn vorgestellt wurde.

Grund für dieses etwas unerwartete Resultat war, dass Hühner über zwei völlig unterschiedliche Typen von sozialer Struktur verfügen, zwischen welchen sie je nach Bedarf hin- und herwechseln können. Wenn sie in kleinen, stabilen Gruppen leben, in denen sie alle anderen Mitglieder leicht identifizieren können, haben sie eine strikte Rangordnung und klare soziale Rollen. Sie behandeln einander wie Individuen mit jeweils eindeutig zugeordneten Eigenschaften. Wächst die Gruppe aber auf eine Größe an, bei der es schwer ist, alle auseinanderzuhalten, gehen sie zu etwas über, das als Toleranz bezeichnet wird. Anstatt klaren sozialen Mustern zu folgen, hören sie auf, einander als Individuen zu behandeln, kümmern sich um sich selbst und vermeiden sowohl Konflikte als auch Zusammenarbeit. Es handelt sich um ungefähr dieselbe Methode, die wir selbst in der U-Bahn oder im Bus während der Hauptverkehrszeit anwenden. Wir vermeiden Augenkontakt und akzeptieren, dass andere, indem sie uns z. B. körperlich zu nahe kommen, auf eine Art und Weise gegen soziale Regeln verstoßen, die wir normalerweise nicht tolerieren würden. Gleichzeitig haben wir nicht die Erwartungshaltung, dass alle anderen in dem engen Bus eine enge soziale Bindung zu uns entwickeln.

Kenne ich dich?

Wie stellen Hühner es an, bekannt von unbekannt zu unterscheiden? In einem früheren Kapitel habe ich von Experimenten berichtet, die zeigen, dass sie zu einem gewissen Teil ihren Geruchssinn anwenden können, weil jedes Tier seinen ganz individuellen Geruch hat. Sicherlich nutzen sie auch Unterschiede in den Lauten der anderen, doch hierzu fehlt es derzeit noch an Forschung. Mit Sicherheit wissen wir dagegen, dass das Aussehen wichtig ist. Ein Experiment von spanischen Forschern illustriert dies. Man hielt die Tiere in Gruppen von bis zu 40 braunen Hühnern und zeichnete ihr Verhalten zueinander auf. Dann veränderte man das Aussehen von einigen, indem man ihnen einen schwarzen Strich in den Nacken malte. Die anderen Hühner reagierten unmittelbar auf das neue Aussehen und behandelten die angemalten Hühner als Fremde.

Experimente wie dieses zeigen deutlich, dass Hühner zwischen ihren bekannten und unbekannten Artgenossen unterscheiden können, wenn sie in relativ kleinen Gruppen zusammenleben. Aber können sie zwischen verschiedenen Individuen unterscheiden? Sehen sie den Unterschied zwischen »Anna« und »Berta«, obwohl wir Menschen finden, dass die beiden identisch aussehen?

Eine britische Forschergruppe untersuchte dies mit einer anderen Methode. Sie brachte den Hühnern einer braunen Legehennenrasse bei, ein bestimmtes Tier aus der eigenen Gruppe mit einer Belohnung zu assoziieren. Die Hühner wurden in einem Y-Labyrinth trainiert, in dem sich eine Startpassage in zwei unterschiedliche Gänge verzweigte, die jeweils zu einem Ziel führten. In einem der beiden Gänge stand ein Behälter mit Mehlwürmern (Hühnersüßigkeit!) bereit, während der Behälter im zweiten Gang leer war. Neben dem Behälter mit den Würmern stand ein Käfig mit einem Huhn aus der eigenen Gruppe.

Wenn ein Tier sich einige Male selbstständig zur Belohnung vorgearbeitet hatte, wurde getestet, ob es verstanden hatte, dass es einen Zusammenhang zwischen den Mehlwürmern und dem Huhn gab, das im Käfig daneben saß. Dies bewerkstelligte man, indem man ein anderes Huhn aus der Gruppe zusammen mit dem leeren Behälter im zweiten Gang des Y-Labyrinths positionierte. Im Anschluss durften die getesteten Hühner aussuchen, in welchen der beiden Gänge sie hineingehen wollten.

Der Test erwies sich für die Hühner als sehr einfach. Sie lernten schnell, ein bestimmtes Tier mit der attraktiven Belohnung zu verknüpfen, und wählten beinahe bei jedem Versuch den richtigen Gang. Das Resultat zeigt mit Nachdruck, dass die Hühner nicht nur zwischen fremden und bekannten Tieren unterscheiden, sondern auch zwischen einzelnen Hühnern innerhalb der eigenen Gruppe. Dies bestätigt, was ich selbst und viele andere Besitzer einer kleinen Hühnerschar im Garten schon lange vermutet haben: Es ist kein Zufall, dass meine Bella nie auf die Stange hüpft, ehe Klara ihren Platz für den Abend eingenommen hat. Und Klara folgt am liebsten Lotta bei den Spaziergängen im Gemüsegarten, weil die am besten darüber Bescheid weiß, wo die fettesten Würmer zu finden sind. Hühner sind Individuen und betrachten einander auch als solche. Das heißt – wenn sie die Möglichkeit dazu haben.

←

Viele Hühner zusammen bilden eine Gruppe. Dort herrschen strikte Umgangsregeln und intensive Kommunikation. Alleine ist ein Huhn hilflos.

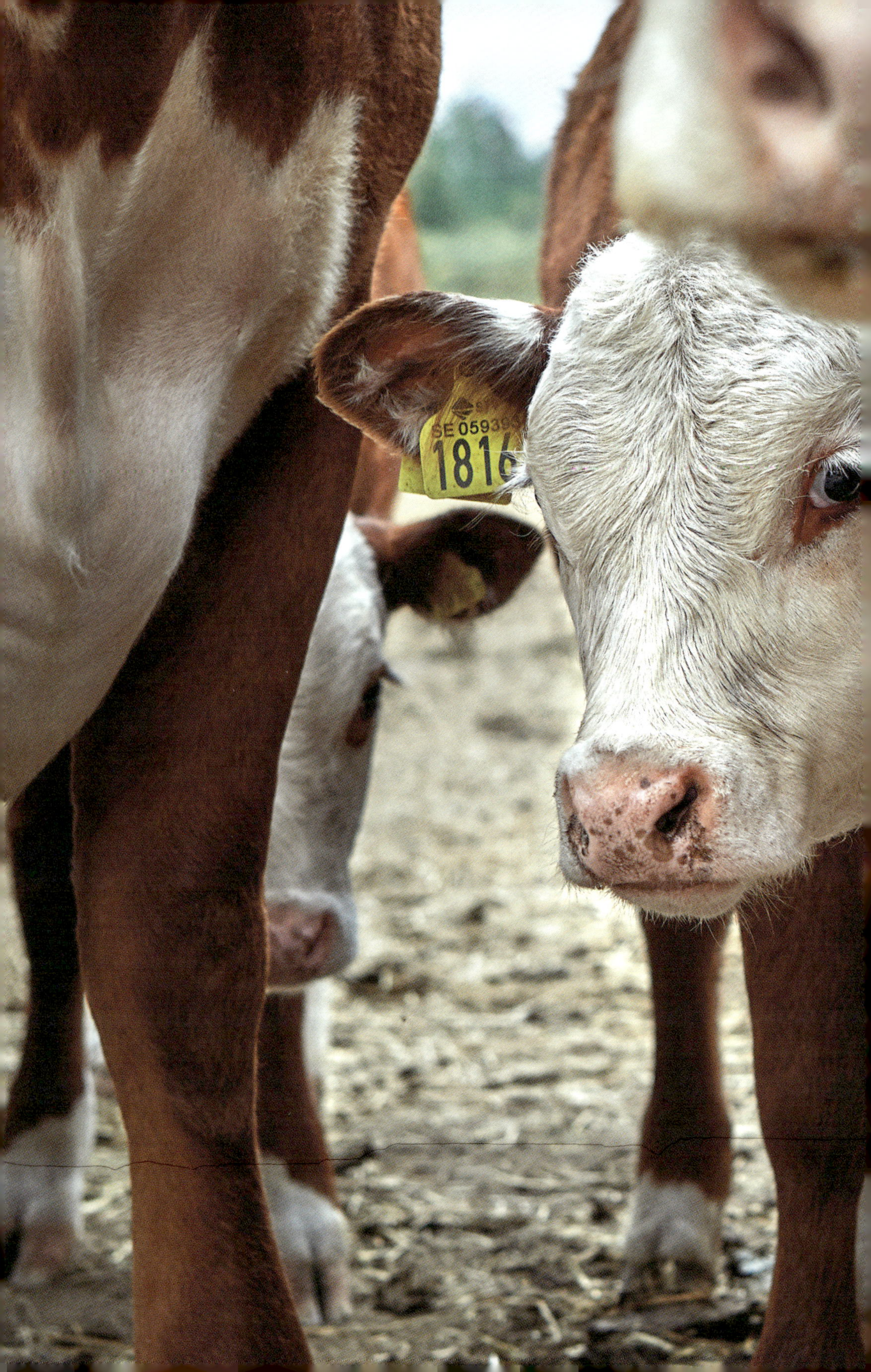

05.

MEINE GEFÜHLE UND ICH

»Ein Schwein reflektiert seine Existenz, es nimmt ein ›Ich‹ wahr, das sich von ›anderen‹ unterscheidet, und es fühlt nicht nur Schmerz und Angst – es sinnt außerdem über die Tatsache nach, dass es Gefühle hat.«

WER FÜHLT DENN DA?

HEUTE IST ES DRAUSSEN windig und regnerisch. Während ich spazieren gehe, spüre ich den Wind und die Regentropfen auf meiner Haut, ich friere und zittere. Das ist nicht weiter eigenartig, ich gehe davon aus, dass es den Rehen, die ich in der Ferne sehe, und den Hunden, die mich begleiten, ähnlich ergeht. Aber ich fühle etwas darüber hinaus: Ich weiß, dass »ich« es bin, der nass wird, und kann mir vorstellen, dass meine Frau zur gleichen Zeit drinnen am Kamin sitzt und nicht im Geringsten dasselbe empfindet wie ich. Es fällt mir auch nicht schwer, mich in die Vorstellung hineinzuversetzen, wie ich selbst mich fühlen werde, wenn ich nach Hause in die warme Stube komme.

Der Unterschied zwischen der Wahrnehmung dessen, was passiert und Auswirkung auf die eigene Person hat - man nennt dies Perzeption -, und dem Wissen, dass es ein »Ich« gibt, das erlebt, was geschieht, hat Philosophen und Psychologen hunderte von Jahren beschäftigt. Es ist, als säße im Gehirn ein kleines Wesen, ein »Selbst«, das die eigenen Gefühle reflektiert. Was ist dieses mystische Bewusstsein seiner selbst? Haben nur wir Menschen es, oder können Tiere ebenfalls ein »Ich« empfinden? Hierbei handelt es sich nicht nur um ein philosophisches Gedankenspiel - das Wissen darum hat auch entscheidende Bedeutung dafür, wie wir das Leben von Tieren betrachten. Wenn ein Schwein über keine Eigen-Wahrnehmung verfügt, können wir davon ausgehen, dass es nur reflexhaft und instinktiv auf alles reagiert, was ihm geschieht. Wenn das der Fall ist, wirkt sich sein Umfeld nur unmittelbar auf das Schwein aus, wenn es z. B. in einen Laster geladen und zum Schlachthof gefahren wird. Es nimmt das Schwanken des Lastwagens und die Gerüche seiner Mitpassagiere wahr, aber wahrscheinlich nicht viel mehr.

Hat es aber Selbst-Bewusstsein, verändert das alles. Dann müssen wir auch damit rechnen, dass es ein »Ich« wahrnimmt, das dieser Reise zum Schlachthof ausgesetzt wird. Das Selbst-Bewusstsein impliziert eine tiefere und fundamentalere Erfahrung, die auch nach dem Ende der Reise fortwirkt und die vielleicht sogar bereits ihren Anfang nimmt, wenn der Lastwagen auf dem Hof seine Türen öffnet. Jedes Leiden, jedes Unbehagen ist deutlich intensiver, wenn ein selbst-bewusstes Tier es erleben muss.

Der Spiegel der Seele

Doch wie kann man wissenschaftlich untersuchen, ob ein Tier über ein Bewusstsein seiner selbst verfügt? Forscher haben es mit einer Reihe unterschiedlicher Methoden versucht, aber zum Standard wurde in diesem Zusammenhang der sogenannte Spiegeltest. Er wurde in den 1970er-Jahren von dem amerikanischen Psychologen Gordon Gallup entwickelt, um das Bewusstsein bei unseren nächsten Verwandten unter den Affen zu untersuchen, und seither in verschiedenen Varianten bereits auf zahlreiche Tierarten angewendet.

Wenn ein Tier sich einem Spiegelbild gegenüber korrekt verhält, so der Grundgedanke, ist dies ein starker Hinweis darauf, dass das Tier begreift, dass es selbst nur ein Teil der Welt ist, in der wir leben. Aber viele Tiere scheinen ihr Spiegelbild nicht zu verstehen. Stattdessen interpretieren sie es mehr als ein Fenster zu einem anderen Raum. Oft sucht das Tier etwas hinter dem Spiegel, augenscheinlich, ohne zu begreifen, dass es nur eine Reflexion seiner Umgebung sieht. Wenn es das Bild eines anderen Tieres im Spiegel sieht, wird dieses als Fremder wahrgenommen.

Eine erste mögliche Methode besteht also darin zu beobachten, ob die Tiere die Bedeutung des Spiegelbildes ermessen können. Donald Broom, britischer Nestor innerhalb der Verhaltensforschung, und seine Kollegen gestalteten einen solchen Test für Schweine. Die Forscher richteten eine Schweinebox mit einer Zwischenwand ein, hinter der sich eine Futterschale verbarg. Ein Spiegel an einem Ende der Box zeigte, wo das Futter sich befand – wenn die Schweine richtig einordneten, was sie sahen.

Nachdem sie die Gelegenheit erhalten hatten, sich über die Bedeutung des Spiegels klarzuwerden, fanden die meisten Schweine das Futter schnell. Wenn sie die Reflexion der Futterschüssel sahen, verstanden sie, dass sie einen Umweg um die Zwischenwand in der Box suchen mussten, und gelangten so zu den Leckerbissen. Also begriffen die Schweine, dass sie sich selbst in einem Raum befanden, der in einem Spiegel abgebildet werden konnte. Sie verfügten offenbar über eine Form von Selbst-Bewusstsein.

Aber als entscheidender Beweis für Selbst-Bewusstsein wird betrachtet, was Gallup entwickelte, als er Schimpansen untersuchte. Er platzierte ohne dessen Wissen einen Farbfleck auf der Stirn eines Affen. Nachdem man sich versichert hatte, dass er den Fleck nicht spürte, gab man ihm einen Spiegel. Nun reagierte er heftig, als er den neuen Punkt auf seiner eigenen Stirn sah. Er zeigte auf seine Stirn und untersuchte den Fleck intensiv, wobei er den Spiegel benutzte, um besser sehen zu können. Dieses Resultat zeigt, dass der Schimpanse das Spiegelbild als Abbild seines »Ichs« begriff – andernfalls hätte er auf den Spiegel selbst gezeigt und den Fleck dort untersucht. Die Mehrzahl der über die Jahre untersuchten Arten ließ Anzeichen von Selbst-Bewusstsein erkennen, als man sie mit diversen Varianten des Spiegeltests konfrontierte, so z. B. Elefanten, Delfine und sogar Elstern.

Wer ist das da im Spiegel?

Donald Broom und seine Gruppe führten an ihren Versuchstieren nicht den »Gallup-Test« durch, sondern begnügten sich damit festzustellen, dass diese die Bedeutung des Spiegelbildes verstanden und darum zumindest über einen gewissen Grad an Selbst-Bewusstsein verfügen mussten. Aber sie bemerkten einige interessante Dinge bei den Schweinen, die sich an den Spiegel gewöhnt hatten. So benutzten ihn mehrere, um sich selbst aus verschiedenen Blickwinkeln zu betrach-

ten. Manche machten auch unterschiedliche Bewegungen vor dem Spiegel, offensichtlich, um zu untersuchen, wie sie wirkten. Es handelt sich nicht um endgültige Beweise, aber dieses Verhalten weist doch wohl darauf hin, dass Schweine über sich nachdenken?

Manche Forscher standen dem »Gallup-Test« skeptisch gegenüber, weil nicht alle Tierarten ihren Sehsinn auf dieselbe Weise wie wir und unsere nahen Verwandten, die Schimpansen, einsetzen. Das könnte erklären, warum manche Arten den Spiegeltest nicht bestanden haben. Hunde scheinen beispielsweise nicht zu verstehen, dass der Spiegel ein Bild ihrer selbst reflektiert, aber können wir daraus die Schlussfolgerung ziehen, dass sie kein Selbst-Bewusstsein haben? Vielleicht beruht ja das Ergebnis schlicht darauf, dass sie nicht so gut sehen oder sich nicht im selben Maße auf ihre Sehkraft verlassen.

Die amerikanische Forscherin Alexandra Horowitz erfand eine ganz neue Variante von Gallups Spiegeltest, die an Hunde angepasst war. Sie nannte sie Duftspiegel. Die Hunde sollten frei eine Anzahl von kleinen Dosen mit Gerüchen unterschiedlicher Art darin untersuchen. Eine der Dosen enthielt etwas Urin des jeweiligen Hundes. Horowitz stellte fest, dass die Tiere am eigenen Urin weniger Interesse zeigten als an den anderen Düften, was darauf hindeutet, dass sie ihren eigenen Geruch wiedererkannten. Im nächsten Schritt fügte sie der Dose mit dem Urin einen weiteren Duft hinzu - und plötzlich war diese interessanter als alle anderen. Das Experiment entspricht dem kleinen Farbfleck auf der Stirn des Schimpansen - wenn das gewohnte Selbstbild sich plötzlich ändert, wird es sehr spannend, die Details zu untersuchen. Hunde scheinen also im selben Maße wie Schimpansen Selbst-Bewusstsein zu haben, es lässt sich einfach nicht mit denselben Methoden messen.

←

Tiere sind keine Reflexmaschinen. Genau wie wir Menschen sind sie sich ihrer eigenen Empfindungen bewusst und reflektieren sie.

Bei Schweinen besteht dasselbe Problem. Ihr Geruchssinn ist noch besser entwickelt als der von Hunden, ihr Sehvermögen dagegen noch schlechter. Wer wohl den ersten definitiven Test zum Selbst-Bewusstsein bei Schweinen entwickelt - vielleicht basierend auf einem »Duftspiegel«?

Computerspielende Schweine

Die Wartezeit darauf können wir uns mit dem Staunen über andere Verhaltensweisen vertreiben, die darauf hindeuten, dass Schweine sich ihrer eigenen Existenz bewusst sind. Eine amerikanische Forschergruppe brachte sowohl Hunden als auch Schweinen bei, Computerspiele zu spielen. Unsereins würde vielleicht nicht finden, dass die Aufgabe im Spiel eine besondere Herausforderung darstellt, aber bedenken Sie bitte, dass die Tiere mit ihrer Schnauze spielten. Die Aufgabe bestand darin, mit einem Joystick, der an die Gangschaltung in einem Auto erinnerte, einen Punkt auf einem Bildschirm zu bewegen. Wenn der Hebel vor- oder zurückbewegt wurde, bewegte sich der Punkt nach oben bzw. nach unten, und wenn das Schwein oder der Hund ihn seitlich bewegte, folgte der Punkt derselben Richtung. Ziel war es, den Punkt mit dem Joystick in einen Bereich mit abweichender Farbgebung auf dem Bildschirm zu führen. Die Größe und Position dieses Bereichs änderten sich ständig, sodass es galt, auf Draht zu sein. Wenn der Punkt sich dem Bereich näherte, fiel eine Belohnung in eine Schale neben dem Hebel.

Die Schweine lernten schnell, worauf das Ganze hinauslaufen sollte, und spielten nach Herzenslust. Tatsächlich bewältigten sie die Aufgabe besser als die Hunde. Es handelt sich gewiss um keine gebräuchliche Art, Selbst-Bewusstsein zu messen, aber das Spiel erfordert dennoch ein recht ausgeprägtes Verständnis dafür, dass man »selbst« in einer Welt lebt, die sich manipulieren und beeinflussen lässt. Außerdem erfordert es ein hohes Maß an abstraktem Denken, was ebenfalls einen wichtigen Teil des Selbst-Bewusstseins ausmacht.

Die Forschung auf diesem Gebiet wird fortgeführt, aber nichts von dem, was wir bisher erfahren haben, lässt Zweifel daran entstehen, dass Schweine selbst-bewusst sind. Ein Schwein reflektiert seine Existenz, es nimmt ein »Ich« wahr, das sich von »anderen« unterscheidet, und es fühlt nicht nur Schmerz und Angst - es sinnt außerdem über die Tatsache nach, dass es Gefühle hat. Ebenso wie wir das Gefühl haben können, dass ein kleiner Mensch in unserem Gehirn sitzt und Empfindungen in Augenschein nimmt, fühlt es sich für das Schwein so an, als säße ein kleines Schweinchen dort - das ganz persönliche »Ich«.

Nicht nur ich

Das Leben ist für einen Lebensmittellieferanten wie z. B. ein Huhn oder ein Schwein nicht immer so einfach. Auf seinem Lebensweg passiert vieles, was es ängstigt, stresst oder schmerzhaft ist. Beispielsweise muss ein frisch geschlüpftes Küken bereits an seinem ersten Lebenstag eine Reihe dramatischer Ereignisse durchleben. Es fährt auf einem Laufband von der Brutmaschine zu verschiedenen Stationen, wo sein Geschlecht bestimmt, es geimpft und in Transportkisten geladen wird. Im Anschluss fährt es viele Stunden mit einem Lastwagen zu dem Betrieb, in dem es aufgezogen werden soll, bis es erwachsen ist.

Schweine haben es nicht viel leichter. Die Männchen werden in den ersten Lebenswochen kastriert, was früher ganz ohne Betäubung durchgeführt wurde. Heutzutage müssen die Schweine in Schweden betäubt werden. Allerdings werden sie dafür immer noch eingefangen, in einer speziellen Halterung fixiert, um den Eingriff zu erleichtern, und die lokale Betäubung wird direkt in die Hoden injiziert, damit diese dann mit einem Skalpell abgeschnitten werden können. Vielerorts schneidet oder schleift man die Eckzähne der Schweine nach der Geburt ab und beinahe allen Schweinen außerhalb Schwedens werden die Schwänze abgeschnitten, um zu vermeiden, dass sie sich diese, bedingt durch Stress und Mangel an Beschäftigung, gegenseitig abbeißen.

All diese schlimmen Erfahrungen verursachen natürlich Stress bei den betroffenen Küken und Schweinen; aber wie erleben unbeteiligte Tiere die Situation? Kann es ein Schwein oder ein Huhn beeinträchtigen, wenn es sieht oder hört, dass ein Artgenosse Stress ausgesetzt wird? Wir fühlen uns schlecht, wenn wir Schmerzen oder Angst haben, können aber nahezu genauso empfinden, wenn wir andere leiden sehen. Können Tiere auf dieselbe Weise die Qualen anderer Individuen empfinden? Und können sie auch froh und glücklich dadurch werden, dass andere es sind?

Empathische Hühner

Empathie nennen wir die Fähigkeit, die Gefühle anderer nachzuempfinden und zu verstehen. Weil das Phänomen selbst so komplex ist, ist es schwierig, den Begriff exakt zu definieren. Kann man jemanden als empathisch bezeichnen, der ähnlich wie ein anderes Individuum empfindet, oder muss derjenige auch intellektuell verstehen, was dabei in seinem Gegenüber passiert? Vielen Forschern ist eine klare Unterscheidung dieser beiden Fragen wichtig, aber aus Sicht des Schweins oder des Kükens ist sie vielleicht gar nicht von so großer Bedeutung. Wenn die Erfahrung, ein anderes Individuum leiden zu sehen, ein ähnliches Gefühl hervorruft, als wäre man selbst betroffen, sind die Folgen beträchtlich. Das Kastrieren eines jungen Schweins beeinträchtigt dann nicht nur dieses selbst, sondern auch die anderen Schweine im Wurf. Diejenigen, die sehen, was vor sich geht, und die Schmerzensschreie hören, werden dann ebenfalls in Panik versetzt, auch wenn das Messer nicht in ihre Haut schneidet. Wenn Tiere Empathie empfinden können, schwappen Leid und Stress in einem Stall wellenartig auf andere über. Und die Forschung zeigt, dass genau das passiert.

Eine Gruppe von Wissenschaftlern in Bristol entwickelte eine Methode, die Empathie von Hühnern zu untersuchen. Sie beobachteten Hennen mit Küken und beschrieben, wie die Mütter reagierten, wenn ihre Jungen unbehaglichen Situationen ausgesetzt wurden. Selbstverständlich wollten die Forscher die kleinen Küken nicht quälen, also bedienten sie sich einer sehr milden Form von Stress, und zwar eines kleinen Luftstoßes aus einer Sprühflasche - desselben Luftstoßes, den man beispielsweise verwendet, um eine Computertastatur von Staub zu befreien. Küken finden das unbehaglich und zeigen eine leichte Stressreaktion, wenn sie einem solchen Luftstoß ausgesetzt werden, doch weder tut dieser weh noch schadet er ihnen.

Während des Tests selbst platzierte man die Henne und ihre Küken in je einer eigenen Abteilung in einer Box, sodass sie in Kontakt miteinander standen, aber physisch getrennt waren. Dann sprühte man entweder Luft in Richtung der Küken oder der Henne und untersuchte, wie das Muttertier reagierte. Um seine Stressreaktionen so genau wie möglich messen zu können, dokumentierte man Puls, Verhalten sowie Veränderungen in der Körpertemperatur.

Wurden die Küken einer unangenehmen Situation ausgesetzt, reagierte die Henne beinahe ebenso heftig, als wenn sie selbst betroffen war. Ihr Puls stieg und ihr Verhalten veränderte sich, während gleichzeitig auch ihre Körpertemperatur anstieg. Alle Zeichen deuten darauf hin, dass die Henne, wenn ihre Jungen unangenehme Erfahrungen machen mussten, ebenso gestresst war, wie wenn sie diese selbst durchleben musste.

Nun sollte man meinen, dass dies ganz einfach daran liegt, dass die Küken Signale aussenden, die die Henne unter Stress setzen. Sollte dem so sein, kann bezweifelt werden, dass man ihr Verhalten als echte Empathie bezeichnen kann. Dann handelt es sich vielleicht nur um die Reaktionen der Henne auf etwas, das sie selbst als unbehaglich empfindet. Doch ihre Reaktion ist tatsächlich komplexer. Die Forscher ermittelten, dass ihr Stressniveau bereits stieg, als sie eine für ihre Küken bedrohliche Situation wahrnahm, ohne dass ihnen bereits etwas Unbehagliches widerfahren wäre. Für eine Hühnermama ist also die Sorge um ihre Kleinen ausreichend, damit sie selbst unruhig wird.

KÜHE können bis zu 20 Jahre alt werden, wenn sie ein ruhiges Leben führen dürfen. In der Milchproduktion werden sie selten älter als drei bis vier Jahre.

Es gibt hunderte verschiedene HÜHNERRASSEN auf der Welt. Das asiatische Seidenhuhn hat glatte weiße Federn und ein ganz und gar schwarzes Skelett. Und das japanische Onagadori trägt Schwanzfedern, die bis zu acht Metern lang werden können.

Dolly, geboren 1996, war das berühmteste SCHAF der Welt. Sie war das erste Säugetier, das aus einer Zelle geklont wurde, die man einem anderen erwachsenen Tier entnommen hatte. Damit war sie der eineiige Zwilling des erwachsenen Spenderschafes.

LACHSE verbringen den größten Teil ihres Lebens im Meer; wenn sie sich aber fortpflanzen wollen, kehren sie zu exakt dem Platz am Oberlauf des Flusses zurück, an dem sie seinerzeit geschlüpft sind. Um dorthin zu gelangen, schwimmen sie tausende Kilometer und niemand weiß, ob sie Geruchs-, Magnetsinn oder eine andere Fähigkeit nutzen, um ans Ziel zu gelangen.

Der Rüssel des SCHWEINS ist nicht nur der Eingang zu einem der feinsten Geruchssinne in der Säugetierwelt. Er kann auch verwendet werden, um tiefe Löcher in die Erde zu graben oder um Steine auszugraben, die über 100 Kilogramm wiegen.

Die Vorfreude des Schweins ist ansteckend

Wenn ein Huhn ein derart weit entwickeltes Gefühlsleben hat, kann vielleicht auch ein Schwein über ein solches verfügen? Das war der Ausgangspunkt eines Forscherteams aus Holland. Eine Gruppe von Schweinen sollte lernen, je ein kleines Musikstück mit etwas Positivem bzw. etwas Negativem zu verknüpfen. Bestand die Musik aus einigen Sekunden Klaviermusik von Bach, wussten sie, dass sie bald in eine Box voller Stroh und Erde auf dem Boden gehen durften - sogar Schokoladenstückchen würden hie und da versteckt sein. Ein richtiges Spieleparadies für Schweine also. Ein paar Sekunden Marschmusik bedeuteten stattdessen, dass sie in Kürze für ein paar Minuten in einer leeren Box ohne Freunde und Beschäftigung isoliert werden sollten - eine langweilige und unbehagliche Erfahrung.

Wie weiter vorne berichtet, führt ein solches Training dazu, dass Schweine unterschiedliche Erwartungshaltungen entwickeln. Schon wenn sie die Musik hören, wissen sie, was passieren wird. Erwarten sie etwas Schönes, hebt sich ihre Laune, etwa vergleichbar mit einem Kind am Weihnachtsabend. Im Gegensatz dazu kann die Empfindung des Schweins, dass gleich etwas Negatives passieren wird, mit meinen Gefühlen im Wartezimmer des Zahnarztes verglichen werden. Und diese Erwartungen spiegeln sich in ihrem Verhalten wider. Wie werden wohl andere Schweine davon beeinflusst?

Um dies zu untersuchen, testete man eine andere, gänzlich untrainierte Gruppe zusammen mit den trainierten Tieren. Als die unterschiedlichen Musikstücke gespielt wurden, veränderte das Verhalten der bereits daran gewöhnten Schweine sich unmittelbar. Die Klaviermusik von Bach ließ sie positive Signale aussenden, den gegenteiligen Effekt hatten die Märsche. Doch das Interessante war, wie die unerfahrenen Tiere reagierten.

Die Forscher fanden heraus, dass diejenigen, die keine Ahnung hatten, was vor sich ging, stark auf die Signale der trainierten Schweine reagierten. Zeigten sich die erfahrenen Schweine positiv und froh, taten die Artgenossen es ihnen nach. Und die sorgenvollen und unruhigen Signale von Schweinen, die darauf warteten, isoliert zu werden, brachten die anderen dazu, genauso zu fühlen.

Das Experiment zeigt auf elegante und eindeutige Weise, dass Schweine über Empathie verfügen und von Gefühlslagen anderer beeinflusst werden. Geht es einem gut, ergeht es den anderen ebenso, und ein Schwein, das leidet, lässt seine Freunde niedergeschlagen und unruhig werden.

Tiere beeinflussen sich also gegenseitig in Freud und Leid. Wenn ein Bauer versucht, den Alltag seiner Schweine oder Hühner zu versüßen, führt das zu ansteckender Freude. Aber auch das Gegenteil ist der Fall: Schweine, die sehen, wie ihre Freunde für den Schlachttransport bereit gemacht werden, sind beinahe ebenso gestresst wie die betroffenen Tiere. Im Schlachthof werden Hühner mit den Füßen an das Förderband gehängt, das sie mit dem Kopf nach unten zum elektrischen Betäubungsbad führt. Der bloße Anblick ist vermutlich ausreichend, damit die wartenden Kameraden Angst und Stress empfinden.

Voneinander lernen

Von Nachäffern haben wir alle schon gehört, aber von »Nachschweinern«? Der Begriff »nachäffen« ist eigentlich recht irreführend. Affen, sogar unsere nächsten Verwandten, die Schimpansen, sind nämlich häufig recht schlecht darin, andere zu imitieren. Viele Tierarten, von Krähen bis zu Hunden, haben sich dagegen als ausgezeichnete Nachahmer erwiesen.

Tiere können ihr Verhalten gegenseitig nachahmen und dadurch auf viele verschiedene Arten Neues erlernen. Stellen Sie sich vor, zwei Schweine wühlen in einem Feld. Das eine findet plötzlich eine richtig leckere Ansammlung guter Larven, stößt ein paar zufriedene Grunzer aus und beginnt, intensiv mit der Schnauze zu graben. Das andere Schwein sieht die Reaktion und begibt sich sofort ebenfalls dorthin, um zu untersuchen, was so interessant ist. Es ist sehr wahrscheinlich, dass sich das zweite Schwein am nächsten Tag auf eigene Faust zu dieser Stelle begibt, um nach mehr Leckereien zu suchen.

Bei diesem Beispiel handelt es sich nicht um echte Imitation. Es gibt viele ähnliche Beispiele dafür, wie Tiere Neues lernen, indem sie einander beobachten. Just im vorliegenden Fall sprechen die Forscher von »lokaler Verstärkung«. Von ihr ist die Rede, wenn ein Tier schlicht die Aufmerksamkeit anderer auf sich zieht und sie dazu veranlasst, etwas Interessantes zu entdecken. Jedes Einzelne muss dann seine eigenen Schlüsse ziehen, wenn es aller Wahrscheinlichkeit nach ebenfalls das attraktive Futter findet.

Das obige Beispiel stellt ein Gedankenexperiment dar, aber ein tatsächlicher Versuch ähnlicher Art wurde von einer Gruppe Forscher aus Holland und England durchgeführt. Ein bestimmter Futtertrog enthielt Futter mit einem besonderen Geschmackszusatz für Mutterschweine. In manchen Fällen durften ihre Jungen von einer anderen Box aus zusehen, während die Mutter fraß, in anderen durften sie mit ihr zusammen fressen. Unabhängig davon, ob sie nur beobachtet oder selbst gekostet hatten, was ihre Mutter fraß, zogen sie später das Futter mit dem Geschmackszusatz dem gewohnten Futter vor. Ferkel, die ihrer Mutter nicht beim Fressen zugesehen hatten, interessierten sich dagegen nicht im Geringsten für das andersartige Futter, sondern hielten sich an das, was sie kannten. Die Futterwahl der Mutter zu beobachten, scheint für ein Schwein eine gute Technik zu sein, um zu lernen, was essbar ist.

Was du kannst, kann ich schon lange

Das soziale Lernen, das die Ferkel in diesem Versuch präsentierten, ist ein ausgezeichnetes Beispiel für »lokale Verstärkung«. Von Imitation oder Nachahmung sprechen wir dagegen, wenn ein Individuum eine bestimmte Methode kopiert, die ein anderes erlernt hat, um ein Problem zu lösen. Nehmen wir z. B. einmal an, dass es einem Schwein gelungen ist, eine Methode für das Öffnen des Gatters zu finden, um auf eine Weide mit einer Menge guten Futters zu gelangen. Wenn ein anderes Schwein dann das Gatter auf dieselbe Weise öffnen kann, nachdem es dem ersten nur zugesehen hat, handelt es sich um echte Imitation.

Forscher sind besonders interessiert daran, Nachahmung bei Tieren zu untersuchen, weil sie uns viel darüber sagen kann, wie diese denken. Wer ein anderes Individuum imitieren kann, muss fähig sein, sich in die Situation dieses Individuums hineinzuversetzen und außerdem die Bedeutung eines Problems und seiner Lösung begreifen. Imitation erfordert also ein recht gut entwickeltes Denkvermögen. Sie wird nur möglich, wenn man zwischen »ich« und »anderen« unterscheiden kann, wenn man also eine Form von Selbst-Bewusstsein aufweist. Und wie ist das nun mit den Schweinen – können sie einander wirklich imitieren?

Österreichische Forscher untersuchten dies bei einer Gruppe von Schweinen, die ihr Leben in großzügigen natürlichen Gehegen verbrachten. Sie gehörten also nicht zu den gewöhnlichen Fleischlieferanten, sondern führten ein richtig gutes Schweineleben. Die Versuchsboxen sollten sie nur für das Experiment besuchen. Zuerst brachte man einigen von ihnen bei, eine Schwingtür zu öffnen, indem sie diese mit dem Rüssel zur Seite drückten. Hinter der Tür wartete eine kleine leckere Belohnung. Ein Schwein wurde darauf trainiert, die Tür nach links zu öffnen, ein anderes, sie nach rechts zu schieben. Beide wurden »Vorführer« oder Lehrer für die anderen in der Untersuchung.

Als die Vorführer gelernt hatten, ihre Aufgaben zu bewältigen, sollten sie die Tür zu ihrer Belohnung öffnen, während gleichzeitig andere Schweine, die »Beobachter«, von außerhalb der Testbox zusahen. Im Anschluss durften die Beobachter es selbst probieren. Obwohl sie noch nie die Gelegenheit gehabt hatten, sich an dem Problem zu versuchen, konnten die meisten Versuchstiere die Tür beinahe direkt öffnen, indem sie diese in dieselbe Richtung drückten, wie das Schwein, das sie dabei beobachtet hatten. Sie taten dies zudem meist mit derselben Technik, die auch der Vorführer angewendet hatte.

Manche der Schweine durften es erst 24 Stunden, nachdem sie beobachtet hatten, wie man die Tür öffnen konnte, selbst versuchen. Der Zeitunterschied machte keinen großen Unterschied, sie schafften es ungefähr ebenso gut wie die Schweine, die es nach nur einer Minute ausprobieren durften. Dies zeigt, dass die Tiere das Problem und seine Lösung wirklich verstanden hatten, und als sie selbst die Chance dazu bekamen, konnten sie deshalb ihre Vorgänger mit großer Präzision imitieren.

Wenn die Forschung also bewiesen hat, dass Schweine eine ausgeprägte Fähigkeit zu sozialem Lernen und Imitation haben, könnte dies von großem Nutzen für die Aufzucht sein. Beispielsweise sollte man die Begabung der Ferkel, ihre Mutter nachzuahmen, ausnutzen, um sie dazu zu bringen, das Futter zu fressen, das der Bauer für sie vorgesehen hat. Lokale Verstärkung und Imitation eröffnen außerdem Möglichkeiten, Schweine ohne Zwangsmaßnahmen zu lenken. Beide könnten auch angewendet werden, um Transporte und Schlachtung weniger stressig zu gestalten.

In den meisten landwirtschaftlichen Betrieben kümmert man sich leider nicht darum. Man treibt Schweine unter Zwang und Stress zwischen Absperrungen hindurch und in Transportlaster. In den Schlachthöfen werden sie zur Betäubungsstation gedrängt und begegnen ihrem Schicksal in einem aufgewühlten und panikartigen Zustand. All dies wäre nicht notwendig.

Die Fähigkeit der Schweine, zu denken, zu fühlen und voneinander zu lernen, sollte ganz neue Methoden des Umgangs mit ihnen hervorbringen können. Betrachtet man ein Schwein allerdings als nichts weiter als noch nicht gekochter Weihnachtsschinken ohne nennenswerte geistige Begabung, ist es schwierig, mit veralteten Arbeitsroutinen in den Betrieben zu brechen. Zwang anstelle von Zusammenarbeit mit den Tieren wird vorherrschen, solange man ihrem Blick nicht mit Neugier und Mitgefühl begegnet.

06.

WIR LIEBEN UNSERE KLEINEN

»Es ist traurig zu erkennen, wie unglaublich wichtig es für ein Mutterschwein ist, ein Nest für seine Jungen zu bauen, wenn man gleichzeitig weiß, dass das Millionen von Schweinen Zeit ihres Lebens verwehrt bleiben wird.«

DIE SEHNSUCHT NACH DEM KALB

WIE FÜHLT ES SICH eigentlich an, von seinem neugeborenen Kind getrennt zu werden? Und wie fühlt das Kind sich? Für die meisten von uns ist der bloße Gedanke ein Albtraum. Aber für unsere hunderttausenden von Milchkühen ist es bittere Realität.

Natürlich muss eine Kuh kalben, damit die Milch im Euter weiter fließen kann. Damit der Bauer so viel wie möglich davon abzapfen kann, wird das Kalb der Mutter kurz nach der Geburt weggenommen. Eine Kuh produziert heutzutage an sich so unerhört viel Milch, dass sie ohne größeren Verlust für den Verkauf damit zusätzlich sowohl ein bis zwei Kälber als auch den Bauern versorgen könnte; aber in der Praxis ist es schwierig, mit einer Situation umzugehen, in der die Kuh ihre Kälber bei sich haben darf, wenn sie gemolken werden soll. Oft lassen die Kühe dann die Milch nicht ordentlich fließen, und Kälber, die im Melkstand herumrennen, erleichtern die Arbeit für den Bauern natürlich nicht.

Der Zeitpunkt für die Trennung variiert je nach Hof. Auf manchen wird das Kalb direkt nach der Geburt alleine in einer Box in einem separaten Teil des Stalls untergebracht. Anderenorts, z. B. auf Höfen mit KRAV-Anschluss, darf das Kalb bis zu 24 Stunden gesäugt werden, ehe es der Mutter weggenommen wird. Wie erleben Kuh und Kalb das? Ist es vielleicht nur unsere vermenschlichende Perspektive, die uns glauben macht, dass es sie überhaupt kümmert?

Wo bist du, hörst du mich rufen?

Man muss mit der Vermenschlichung der Tiere und ihrer Empfindungen immer vorsichtig sein. Die Art der Kühe, ihre Nachkommen zu versorgen, unterscheidet sich maßgeblich von uns, die wir unsere Neugeborenen nicht einmal für ein paar Minuten allein lassen möchten. In der Natur versteckt die Kuh ihr Kalb in den ersten Lebenstagen in einem Gebüsch und begibt sich mehrmals täglich dorthin, um es trinken zu lassen. Erst nach ein paar Tagen beginnt sie, das Kalb überallhin mitzunehmen, und früher oder später wird es von der Milch entwöhnt und muss Stück für Stück alleine zurechtkommen. Doch das geschieht erst im Alter von bis zu einem Jahr, und sogar nach dem Absetzen bleibt das Kalb in der Nähe der Mutter und wird Teil ihrer Herde.

Vielleicht sorgt das natürliche Verhalten der Kühe dafür, dass die frühzeitige Trennung, zu der sie auf den milchwirtschaftlichen Höfen gezwungen werden, gar nicht so dramatisch ist? Forscher haben dies unter Zuhilfenahme verschiedener Techniken geprüft. So hat man u. a. die Stressreaktionen bei Kühen untersucht, die drei Tage nach der Geburt von ihren Kälbern getrennt worden waren, und herausgefunden, dass ihr Puls direkt nach der Trennung stieg, während sie gleichzeitig intensiv muhten. Das Muhen ist für Kühe eine Art, Kontakt mit ihren Kälbern zu halten. Ihr Verhalten zeigt also, dass sie sehr wohl Notiz davon genommen haben, dass ihr Junges verschwunden ist.

Andere Forscher haben analysiert, welche Art von Muhen die Kühe von sich geben, nachdem ihnen ihr Kalb weggenommen worden ist. Abgesehen von der Tatsache, dass sie nach der Trennung viermal so oft rufen wie vorher, sind die Laute ganze andere. Vor allem sind sie heller und intensiver, was typisch ist, wenn Tiere aufgewühlt sind.

Dass die Laute tatsächlich dazu gedacht sind, dass Kuh und Kalb einander wiederfinden, zeigt ein weiteres Experiment. Forscher nahmen die Laute von Kühen und Kälbern auf, nachdem sie getrennt worden waren. Dann untersuchten sie, wie sie 24 Stunden später gegenseitig auf die ihnen vorgespielten Rufe reagierten. Die Kälber merkten vor allem auf, wenn sie das aufgezeichnete Muhen ihrer eigenen Mutter hörten, nicht so stark jedoch bei den Lauten anderer Kühe. Die Kühe reagierten wiederum auf die Laute ihrer Kälber. Ihr Puls stieg und ihr Verhalten wurde lebhafter.

Das Band zwischen Kuh und Kalb

Dürfen Kuh und Kalb nach der Geburt zusammenbleiben, entwickeln sie eine starke Bindung zueinander, ebenso wie viele andere Mütter und Kinder. Direkt nach der Geburt leckt die Kuh das Kalb sorgfältig ab und reinigt es so von den Häuten der Fruchtblase und von Blut. Dies hat zur Folge, dass Geruch und Geschmack des Kalbes sich bei ihr einprägen. Das Ablecken bleibt auch später wichtig für das Zusammengehörigkeitsgefühl. Werden sie zusammen gehalten, lecken Kühe ihre Kälber auch dann noch ab, wenn sie schon älter sind. Aber wie wird das Kalb auf die Kuh geprägt? Man sollte meinen, dass das Säugen hier eine Schlüsselfunktion innehat, doch ein Experiment norwegischer Forscher zeigt, dass die Sache nicht so einfach ist.

Man beobachtete mehrere Mutter-Kind-Paare, bei welchen die Kälber entweder gesäugt wurden oder ihre Milch aus einer Maschine erhielten. Untertags hatten alle Paare jeweils Boxen nebeneinander, sodass sie einander sehen, hören und riechen konnten, und nachts durften sie zusammen sein. Das Band innerhalb der Paarungen wurde gleich stark, unabhängig davon, ob die Kälber gesäugt worden waren oder nicht. Die Kühe verwendeten ebenso viel Zeit auf das Ablecken und die Kälber auf die Suche nach der Nähe ihrer Mutter, was darauf hinweist, dass nicht das Säugen selbst entscheidend dafür ist, ob ein Kalb eine Bindung zu seiner Mutter aufbaut. Die Beziehung wird in jedem Fall hergestellt, es reicht, wenn die beiden Zeit miteinander verbringen dürfen.

Die Forschung zeigt also deutlich, dass Kühe stark davon beeinträchtigt werden, dass ihr Kalb ihnen weggenommen wird. In der Praxis wird das Herbeiführen einer Lösung dadurch erschwert, dass die negativen Effekte sich verstärken, je später man das Kalb von der Mutter trennt.

Je besser sie ihr Kind kennengelernt hat, desto stärker reagiert sie darauf, wenn es verschwindet. Für das Kalb jedoch scheint es umgekehrt zu sein. Sicherlich hat es ebenfalls Probleme mit einer Trennung; wenn es aber etwas länger bei der Kuh bleiben darf, hat dies eine Reihe positiver Effekte.

Nun ist es nicht ganz einfach, ein Kalb zu fragen, wie es ihm eigentlich geht und wie es seine Situation erlebt. Wie ich aber weiter vorne bereits beschrieben habe, gibt es Methoden, die hier zur Anwendung kommen können. Forscher aus Brasilien und Kanada machten sich die sogenannte kognitive Verzerrung zunutze. Man brachte Kälbern bei, dass eine bestimmte Farbe auf einem Bildschirm eine Belohnung signalisierte (etwas Milch in einem Eimer), während eine andere Farbe anzeigte, dass der Eimer leer war. Dann konfrontierte man die Kälber mit einer Farbe, die auf der Farbskala genau dazwischen lag. Waren sie »optimistisch« veranlagt, liefen sie zu dem Eimer, von dem sie dachten, er würde Milch enthalten, während die »pessimistischeren« davon ausgingen, dass er leer war. Im Anschluss beobachtete man, wie ihre Einschätzung durch die Trennung von ihrer Mutter beeinflusst wurde.

Vor der Trennung waren die meisten Kälber ausgesprochen optimistisch. Nachdem sie von ihrer Mutter getrennt worden waren, wurden sie bedeutend pessimistischer. Ihre Laune sank also nach der Separation messbar. Wie sehr sie sich veränderte? Die Forscher stellten einen Vergleich mit einem anderen Experiment an, bei dem man dieselbe kognitive Verzerrung bei Kälbern nach einer bedeutend qualvolleren Prozedur untersucht hatte: der Verödung der Hornanlagen. Es handelt sich dabei um ein schmerzhaftes Verfahren, bei dem man die kleinen Hornanlagen am Kopf mit einem glühenden Eisen verbrennt, damit sie sich nicht zu ausgewachsenen Hörnern entwickeln können. Die pessimistische Verzerrung der Kälber nach der Trennung von ihrer Mutter war in etwa ebenso ausgeprägt wie die, die von den Schmerzen im Zusammenhang mit der Enthornung verursacht worden war. Nicht zuletzt das gibt einen Hinweis darauf, wie aufreibend es für ein Kalb tatsächlich sein muss, von seiner Mutter getrennt zu werden.

Eine Gleichung, die niemals aufgeht?

Aber die Folgen des Erlebnisses, seiner Mutter beraubt zu werden, erstrecken sich weiter als über die Tage direkt nach der Trennung. Weitere Forschung hat gezeigt, dass das Verhalten der Kälber sich für lange Zeit verändert, vielleicht sogar für den Rest ihres Lebens. Durften sie nach der Geburt längere Zeit mit der Mutterkuh zusammen sein, bevor man sie von ihr trennte, waren sie sozialer und weniger ängstlich, während sie aufwuchsen. Das hatte auch einen positiven Einfluss auf ihre Eigenschaften als Mütter, wenn sie später selbst ein Kalb zur Welt brachten. Und damit nicht genug: Sie gediehen besser, waren gesünder und produzierten als Erwachsene mehr Milch.

Es gibt also aus Sicht des Kalbs viele gute Gründe, es zumindest ein paar Tage mit der Mutter zusammenbleiben zu lassen. Gleichzeitig wird die Trennung selbst für die Kuh und vermutlich auch für das Kalb traumatischer, wenn die Bindung zwischen den beiden erst gefestigt ist. Es erscheint schwierig, hier den goldenen Mittelweg zu finden. KRAV, das ja das natürliche Leben und das Wohlbefinden der Tiere unterstützen will, hat frühere Regelungen, die besagten, dass Kühe und Kälber mindestens drei Tage lang zusammenbleiben sollten, zurückgenommen. Grund waren Forschungsergebnisse, die zeigten, dass eine späte Trennung für die Tiere aufwühlender ist als eine frühe. Damit gehen natürlich auch die vielen auf lange Sicht positiven Effekte eines natürlicheren Verhaltens verloren.

Könnten Kühe und Kälber für sich selbst sprechen, würden sie natürlich am liebsten bis zum Entwöhnen von der Milch zusammenleben. Aber die Realität, die alle Kühe und Kälber ertragen müssen, damit wir zu niedrigen Preisen Milch und Käse bekommen, sieht ganz anders aus. In ihr gibt es keinen Platz für innigere Beziehungen zwischen der Mutter und ihrem Kind.

Ein Nest zum Schutz meiner Kleinen

Es ist Frühling. Das merkt man nicht zuletzt daran, dass alle Elstern und Spatzen mit den Schnäbeln voller Zweige und Grashalme auf dem Weg zu ihren Nistplätzen sind. Für die Jungen, die bald zur Welt kommen sollen, ein Nest zu bauen, gehört mit zu den stärksten Instinkten, die es gibt. Sogar zahlreiche Säugetiere verwenden viel Energie darauf, Baue, Höhlen und Löcher vorzubereiten und zu optimieren, wenn bald die neuen Nachkommen auf die Welt kommen sollen.

Archäologen haben fossile Ansammlungen von Dinosauriereiern und sogar von frisch geschlüpften Jungen gefunden. Sie liegen wohlgeordnet in Nestern, die heutigen Vogelnestern nicht unähnlich sind. Die Fossilien sind mehr als 100 Millionen Jahre alt. Das Nestbauverhalten muss also in der Entwicklung des Lebens auf der Erde bereits früh aufgekommen sein und tiefe Spuren in der Erbmasse der heute lebenden Tiere hinterlassen haben.

Aber längst nicht alle Säugetiere widmen sich dem Nestbau. Die meisten unserer landwirtschaftlichen Nutztiere tun es nicht. Das Schaf, das Huhn und das Pferd gehören beispielsweise zu den Arten, bei welchen die Jungen schon weit entwickelt und kräftig geboren werden. Bereits kurz nach der Geburt sind Lämmer, Kälber und Fohlen auf den Beinen und können selbstständig an die lebenswichtige erste Milch kommen. Ihre Mütter denken gar nicht daran, etwas Besonderes vorzubereiten, um ihre Kleinen in Empfang zu nehmen. Doch es gibt eine leuchtende Ausnahme unter den Nutztieren: das Schwein. Obwohl es mit Schafen und Kühen eng verwandt ist, verhält es sich

←

Der Drang, ein Nest für seine Jungen zu bauen, ist einer der stärksten Instinkte des Mutterschweins. Doch das Nest bleibt für Millionen von Schweinen in der Schweinemast ein unerfüllter Traum.

mehr wie ein Raub- oder Nagetier, wenn es um seine neugeborenen Ferkel geht. Das Schwein ist nämlich das einzige Klauentier, das Nester baut - und die Energie, die es dieser Aufgabe widmet, ist schier grenzenlos.

Weil die meisten Mutterschweine drinnen leben, in engen Boxen, in denen sie sich kaum rühren können, haben die wenigsten schon einmal einen tatsächlichen Nestbau zu sehen bekommen. Im Rahmen eines Forschungsprojekts haben meine Kollegen und ich deshalb Schweine in großen natürlichen Gehegen im Wald ausgesetzt und ihr Verhalten dann das ganze Jahr über rund um die Uhr beobachtet. Es wurden viele lange und manchmal recht langweilige Stunden zusammen mit den Tieren. Aber den Nestbau der Mutterschweine erlebt haben zu dürfen, werde ich nie vergessen. Die totale Hingabe in ihren Augen und die fokussierte Arbeit, am Schluss gekrönt von rund zehn neuen und unendlich niedlichen kleinen Ferkeln, die in dem Nest, das die Mutter zuwege gebracht hat, herumwuseln - wem es bei diesem Anblick nicht warm ums Herz wird, der muss schon sehr abgebrüht sein.

Kuschlig und warm

Alles beginnt ungefähr einen Tag vor der Geburt. Die werdende Mutter verlässt die Rotte und begibt sich auf eine lange Wanderung. Einmal bin ich einem Tier über sieben Kilometer gefolgt, ehe es sich für einen geeigneten Platz für sein Nest entschieden hatte. Wenn es den von ihm favorisierten Ort ausgemacht hat, buddelt es zunächst eine tiefe Grube aus, die dann mit Gras und Moos gepolstert wird. Es verwendet seine Vorderklauen, um weiche Gewächse von den Rändern des Nests abzukratzen, die eine warme und bequeme Unterlage für die empfindlichen Neugeborenen in der kleinen Höhle bilden.

Dann geht es richtig los. Das Mutterschwein wandert fünf bis sechs Stunden umher und sammelt, was es an Gras, Zweigen, Farn und anderen Gewächsen findet. Alles wird zum Nest getragen und in dessen

Mitte platziert, um dann mithilfe von Schnauze und Klauen ausgebreitet und hübsch ordentlich arrangiert zu werden. Wenn die Vegetation rund um das Nest es hergibt, kann das fertige Nest bis zu einem Meter hoch werden und an einen großen Heuhaufen erinnern.

Ist das Mutterschwein zufrieden mit dem Ergebnis seiner Arbeit, kriecht es hinein. Es hebt das Baumaterial vorsichtig mit der Schnauze an und aalt sich langsam in den sich bildenden Tunnel hinein. Das viele Gras verbirgt es praktisch vollständig, wenn es sich gemütlich hinlegt. In diesem warmen, schützenden Tunnel unter der Pflanzendecke werden dann ein paar Stunden später die neuen, kleinen Schweine geboren. Sie sind sehr aufgeweckt und gut entwickelt, zerreißen eigenständig die Nabelschnur und befreien sich aus der Fruchtblase, ehe sie sich für die erste Mahlzeit ihres Lebens zum Euter aufmachen.

Wie ist es möglich, dass es mich emotional so sehr berührt, dieses Verhalten an einem ganz normalen bewaldeten Hang in Schweden zu erleben? Vermutlich hängt das damit zusammen, dass ich gleichzeitig weiß, dass kaum ein Schwein auf der ganzen Welt jemals die Option hat, sich so zu verhalten. Die allermeisten verbringen ihr Leben in einer Box aus Beton, bestenfalls mit ein paar Strohhalmen auf der Erde, die sie in ihrem unbeholfenen Versuch, ihren Instinkten wenigstens ein bisschen zu folgen, herumtragen können. Die Erkenntnis, wie unerhört wichtig es für ein Mutterschwein ist, seinen Jungen ein Nest zu bauen, stimmt traurig, wenn man gleichzeitig weiß, dass dies für Millionen von Schweinen unmöglich ist.

Das Nest und die Milch

Warum ist dieser Instinkt in den beinahe 10.000 Jahren der Domestizierung nicht verschwunden? Warum scheint dieses Verhalten nahezu identisch mit dem zu sein, das man bei den Vorfahren unserer Hausschweine, den Wildschweinen, noch heute beobachten kann? Obwohl während der Aufzucht hunderter Generationen im Schweinestall kaum je ein Schwein die Gelegenheit zum Nestbau hatte, lebt der Instinkt voll auf, sobald sich die Möglichkeit dazu bietet. Dafür kann es nur eine Erklärung geben: Der Instinkt muss eine so wichtige Funktion erfüllen, dass man ihn schlicht nicht wegzüchten kann, ohne etwas anderes von Bedeutung zu beeinflussen. Und die Forschung hat herausgefunden, worum es sich dabei handelt.

Der Grund dafür, dass der Instinkt bis heute im Prinzip unverändert fortlebt, ist folgender: Wenn für ein weibliches Säugetier die Zeit des Werfens naht, passiert viel im Körper. So müssen u. a. die Milchdrüsen für die hungrigen Neugeborenen bereit gemacht werden. Das meiste, was während dieser Phase der sogenannten Gravidität geschieht, wird von Hormonen gesteuert. Das Schwein ist hier keine Ausnahme. Es hat sich gezeigt, dass dasjenige Hormon, das die Milchproduktion stimuliert, die Mutter außerdem dazu bewegt, ein Nest zu bauen. Es nennt sich Prolaktin. In den 24 Stunden, bevor die Geburt beginnt, steigt dessen Gehalt in ihrem Körper stark an. Daran, dass die Zitzen plötzlich Milch enthalten, merkt ein erfahrener Bauer, dass das Abferkeln im Gange ist. Gleichzeitig sieht man, dass das Mutterschwein unruhig wird, in der Box umhergeht und Strohhalme von A nach B trägt. Dabei handelt es sich um Überbleibsel des natürlichen Nestbaus, die selbst in kargen Mastställen aufwallen.

Dass das Mutterschwein Milch für seine Jungen produziert, ist natürlich für die Schweineaufzucht erforderlich und lässt sich nicht gut wegzüchten. Und weil die Milch und der Nestbau von ein und demselben Hormon gesteuert werden, geht das eine nicht ohne das andere. Damit die Mutter also Milch für ihre Jungen produzieren kann, muss sie auch ein Nest bauen wollen.

Man denke nur an all die Millionen und Abermillionen Mutterschweine, die nicht einmal mit etwas Stroh in ihrer Box herumgehen können. Außerhalb der Grenzen Schwedens werden beinahe alle Säue in sogenannten Kastenständen von etwa einem halben Meter Breite gehalten. Sie können aufstehen und sich hinlegen, sich aber nicht umdrehen. Ihnen stehen keine Halme zur Verfügung, weil der Boden aus einem Gitter besteht, durch das sie ihre Exkremente treten sollen. Es gibt also nicht einmal im Entferntesten etwas, das an Baumaterial erinnert. Stattdessen beißen die Tiere manisch auf ihren Käfigstangen herum.

Dieses System wird häufig dadurch gerechtfertigt, dass es die neugeborenen Ferkel schützen soll. Indem das Muttertier in den Kastenstand gesperrt wird, meint man das Risiko zu minimieren, dass es sich versehentlich auf ein Junges legt. Natürlich ist es nicht ungefährlich, wenn ein 200 Kilogramm schweres Schwein seine Füße zwischen die empfindlichen Neugeborenen in einer kleinen Box mit Gitterboden setzt. Wenn man aber sieht, wie vorsichtig ein Mutterschwein sich in einem Nest, das es selbst draußen im Wald gebaut hat, zwischen seine Jungen legt, wird einem klar, dass diese Erklärung nicht greift. Die dem Tier eigenen Instinkte sind sehr stark - wenn ihm nur die Chance gegeben wird, ihnen zu folgen.

Wissen wir denn, dass es dem Mutterschwein schlecht geht, wenn es sein natürliches Verhalten nicht ausleben kann? Ja. Die Forschung hat gezeigt, dass seine Stresshormon-Level ungewöhnlich hoch sind, wenn es vor dem Abferkeln nicht tätig sein darf. Und bereits vor mehreren Jahrzehnten haben schwedische Forscher nachgewiesen, dass die Krankheitsanfälligkeit bei Mutterschweinen im Zusammenhang mit der Geburt doppelt so hoch ist, wenn sie in der Box nicht frei herumgehen können.

Jeden Tag aufs Neue

Nicht nur Schweine auf den Höfen sehnen sich nach einem Nest - Hühner sind in einer ganz ähnlichen Situation. Auch wenn ihr Verhalten nicht ebenso ausgefeilt und komplex wie das der Schweine ist, so ist ihr Bedürfnis nach einem Nest doch stark ausgeprägt. Und im Fall des Huhns handelt es sich hierbei um eine Verhaltensweise, die für es jeden einzelnen Tag relevant ist. Ein Schwein wirft vielleicht zweimal im Jahr, darum muss es dem Nestbau nur zu diesen Gelegenheiten nachgehen. Doch das Huhn legt während seines gesamten Erwachsenenlebens jeden Tag ein Ei. Jedes Mal, wenn es legen will, erwächst der Drang in ihm, Baumaterial zu sammeln und zu einem Nest zu arrangieren. Die Eier, die es auf der Eierfarm legt, sind nicht befruchtet, doch uralte Instinkte flüstern ihm zu, dass es bald Mutter wird.

Forscher haben Hühner in einem Experiment untersucht, in dessen Rahmen ihnen die Möglichkeit gegeben wurde, zwischen unterschiedlichem Material und Umfeld zu wählen. Wenn es an der Zeit war, Eier zu legen, zogen sie immer einen Platz vor, an dem es genügend Baumaterial gab. Hühner, die ihre Umgebung frei wählen durften, hatten außerdem ein niedrigeres Stresslevel.

In Schweden leben die meisten Legehennen in Bodenhaltung, dort steht häufig Streumaterial zur Verfügung. Doch viele andere Tiere (etwa eine Million) werden in Käfigen gehalten, in denen sie kein Nest bauen können. Und außerhalb Schwedens ist noch immer Käfighaltung am üblichsten.

Die nestbauenden Dinosaurier und andere Vorfahren hinterließen ihren Nachfolgern auf der Erde ein kraftvolles genetisches Erbe. Seinen Instinkten zu folgen und ein Nest zu bauen, ist möglicherweise das Wichtigste überhaupt für ein Schwein, das werfen, und ein Huhn, das Eier legen soll. Es ist eine traurige Erkenntnis, dass unsere Tierhaltung ihnen dies so oft versagt.

Bist du meine Mama?

Das Hühnerei ist wahrhaftig ein kleines Wunder. Ein freilaufendes Huhn, das umherstolziert und sein eigener Herr ist, sucht am liebsten einen versteckten Platz für seine künftigen Nachkommen. Dorthin schleicht es sich heimlich einmal pro Tag und legt ein Ei, bis es etwa ein Dutzend beisammen hat. Erst dann setzt es sich zurecht, um zu brüten. 21 Tage später schlüpfen alle Küken im Laufe von ein paar Stunden. Bis zu diesem Zeitpunkt hat sich in jedem Ei aus einem mikroskopisch kleinen Embryo ein vollständig lebensfähiges Küken mit Flaum, Schnabel, Beinen und kleinen Flügeln entwickelt.

Bereits ein paar Tage vor dem Schlüpfen haben die Küken damit begonnen, sich aus dem Ei zu befreien. An der Innenseite der Schale befinden sich dünne Häute, die das Eigelb von Eiweiß und Schale getrennt halten, und zum Ende der Brutzeit hin haben diese eine mit Luft gefüllte Kammer im stumpfen Ende des Eis gebildet. Ist das Ei 19 Tage lang bebrütet worden, pickt das Küken darin Löcher in das Häutchen zu dieser Luftkammer und beginnt zu atmen. Etwa zur selben Zeit fängt es an zu piepsen und erhält Antwort von den Küken in den übrigen Eiern. Dieses Gespräch zwischen den Eiern hilft dabei, das Schlüpfen zu synchronisieren, damit alle in der Gruppe etwa gleichzeitig beginnen, Löcher in die Schale zu picken. Bleibt noch die Kraftanstrengung, das Ei Stück für Stück von innen aufzuhacken, bis es schließlich bricht und den Küken erlaubt, ihren Kopf in die Freiheit zu strecken.

Diese ganze Prozedur vollzieht sich unter dem wärmenden Körper des Huhns. Sind die Küken geschlüpft, bleiben sie noch bis zu 24 Stunden in der sicheren warmen Dunkelheit, ehe sie vorsichtig unter dem Flügel der Mutter hervor nach draußen blicken. Und nun ereignet sich eines der erstaunlichsten Naturphänomene überhaupt: die Prägung. Die frisch geschlüpften Küken haben kein instinktives Wissen darüber, wie ihre Mama aussieht. Deshalb hat die Natur einen einfachen, aber starken Instinkt in ihre kleinen Gehirne implantiert: Halte nach dem ersten großen, beweglichen Gegenstand Ausschau, den du finden kannst. Das ist deine Mama. Vergiss sie nie, wenn du sie einmal erblickt hast, und folge ihr durch dick und dünn. Man spricht dann davon, dass das Küken auf seine Mutter geprägt worden ist.

Dieses Phänomen ist seit Langem bekannt, doch erst der mit dem Nobelpreis ausgezeichnete Verhaltensforscher Konrad Lorenz untersuchte es ernsthaft. Er fand heraus, dass die Prägung nur wenige Stunden lang während des ersten Lebenstages funktioniert. Wenn die Küken einmal entschieden haben, was sie als ihre Mama betrachten, ist es beinahe unmöglich, daran noch etwas zu ändern. Ist der erste Gegenstand, den sie erblicken, ein Ballon, ein Schuh oder ein Fußball, werden sie diesem folgen, komme, was wolle. Wenn man sie mit ihrer richtigen Mutter zusammenführt, nachdem die Prägung abgeschlossen ist, begreifen sie nicht, was sie sehen. Das Huhn ist dann nichts als ein beängstigendes, unbekanntes Wesen, und sie suchen intensiv nach dem Schuh oder Ball, auf den sie geprägt worden sind.

Wenn das Huhn seine Eier unter natürlichen Bedingungen in Ruhe und Frieden legen darf, kommt es natürlich nie zu derartigen Problemen. Es gibt kein Risiko, dass die Kleinen auf etwas anderes als ihre Mutter treffen, wenn die Prägephase beginnt. Doch die Wirklichkeit sieht jedes Jahr für Milliarden von Küken anders aus: Sie schlüpfen im Rahmen industrieller Massenproduktion, um zu den Legehennen zu werden, die unsere Frühstückseier produzieren sollen.

Waisenküken

In Schweden gibt es etwa acht Millionen Legehennen. Sie dürfen ein gutes Jahr lang leben, ehe sie geschlachtet und durch neue, jüngere Tiere ersetzt werden, die ihr ganzes Erwachsenenleben lang ein Ei pro Tag legen können. All diese Hühner entstammen einer von zwei Industrie-Brütereien in Schweden. Dort erblicken jede Woche zehntausende Küken zum ersten Mal das Licht der Welt. Die Eier stammen von großen Mengen an Elterntieren und werden in gleichförmige Brutmaschinen gelegt, in denen Temperatur und Feuchtigkeit optimal eingestellt sind, damit so viele Küken wie möglich schlüpfen.

Wenn das Schlüpfen ansteht, werden die Eier zu sogenannten Schlüpfmaschinen transportiert, die in Größe und Machart den Brutmaschinen gleichen. Weil sich in jeder Maschine tausende Eier befinden, sind für optimale Sauerstoffverhältnisse starke Ventilatoren nötig. Ihr Lärm ist ohrenbetäubend. Dass nach einigen Stunden hunderte Küken gleichzeitig intensiv piepsen, während sie aus den Eiern schlüpfen, macht es nicht besser. Eine Mama ist ja nicht da, um sie zu beruhigen, und es gibt auch nichts anderes, auf das sie geprägt werden könnten.

Sind alle Küken geschlüpft, ist es Zeit, die Maschinen zu leeren. Die frisch geschlüpften Tiere werden in große Wagen verfrachtet und auf ein Fließband gekippt, wo sie mittels einer mechanischen Vorrichtung von den Eierschalen befreit werden. Schnell geht die Reise auf dem Band zu der Station weiter, an der die Geschlechtersortierung stattfindet. In vollem Tempo wird jedes Küken angehoben und geübte Mitarbeiter entscheiden in Sekundenschnelle, ob es Huhn oder Hahn ist. In letzterem Fall ist die Reise rasch zu Ende. Ein weiteres Fließband führt in eine mit Kohlendioxid gefüllte Gaskammer, in der die männlichen Küken wenige Minuten nach dem Schlüpfen den Tod finden. Die Eierindustrie hat schließlich keine Verwendung für den Großteil der Hähne.

Die weiblichen Küken landen über neue Fließbänder an einer Station, an der sie geimpft werden, und schließlich in einer Transportkiste, die wiederum auf einen Lastwagen geladen wird. Nach einer stundenlangen Autofahrt erreichen sie den Betrieb, in dem sie bis zur Geschlechtsreife heranwachsen sollen, um danach zu einem weiteren Hof gebracht zu werden, auf dem sie schließlich ein knappes Jahr lang unsere Frühstückseier legen.

Wie nehmen die Küken ein Leben wahr, in dem sie ihre Mutter nie sehen dürfen und nichts haben, auf das sie geprägt werden könnten? Forscher aus der Schweiz führten ein Experiment durch, bei dem sie Verhalten und Entwicklung von Küken, die bei ihrer Mutter geschlüpft und aufgewachsen waren, mit dem derjenigen verglichen, die in einer Maschine geschlüpft waren. Sie beobachteten große Unterschiede zwischen den Gruppen. Die Tiere, die eine Ziehmutter hatten, widmeten sich nicht nur stärker der Futtersuche und der Erforschung ihrer Umgebung, sondern sie waren auch weniger ängstlich. Bei maschinell geschlüpften Küken kam es oft zu verängstigten Fluchtversuchen und sie verbrachten mehr Zeit auf den sicheren Sitzstangen.

Das Muhen der KÜHE unterscheidet sich von Tier zu Tier. Es wird sogar vermutet, dass Kühe in verschiedenen Regionen unterschiedliche Dialekte haben.

HÜHNER haben keine Geschmacksrezeptoren für Süßes. Will man seinen Hühnern etwas zum Naschen geben, ist Zucker deshalb an sie verschwendet – viel besser ist frisch gemähtes Gras.

SCHAFE haben eine Hasenscharte und benutzen den Spalt in ihrer Oberlippe, um die nährreichsten und besten Blätter eines Busches oder einer Grasfläche auszusuchen.

FISCHE sind wechselwarme Tiere und haben ungefähr dieselbe Körpertemperatur wie das sie umgebende Wasser. Manche Arten, die unter dem Polareis leben, verfügen über eine besondere Blutzusammensetzung, die dafür sorgt, dass dieses nicht gefriert, wenn ihre Körpertemperatur unter 0 °C sinkt.

Das SCHWEIN ist, abgesehen vom Meerschweinchen, das einzige Säugetier, das mehrere bereits gut entwickelte Junge auf einmal zur Welt bringt. Andere Säugetiere mit großen Würfen bekommen Junge, die blind und taub sind und sich noch kaum bewegen können.

Kindererziehung in der Welt der Hühner

Ein Huhn erzieht seine Küken immer fürsorglich und liebevoll. Es wärmt und schützt die Kleinen, indem es sie unter seinen ausgebreiteten Flügeln versammelt und jeden Tag viel Zeit bei ihnen verbringt. Das Huhn bringt den Küken auch bei, was genießbar ist und was sie meiden sollen. Sobald es etwas Essbares findet, hält es dieses mit dem Schnabel hoch und gibt einige leise Gluckerlaute von sich, welche die Jungen dazu veranlassen, herbeizulaufen und zu versuchen, etwas von dem Leckerbissen zu ergattern.

Ist sich das Huhn bewusst, was es tut, wenn es seine Kleinen aufzieht? Vielleicht ist seine Erziehung ja nur eine Sache von Instinkten und blinden Reflexen? Ein englisches Forscherpaar wollte dies herausfinden und konzipierte ein Experiment, das zeigte, dass das Huhn mehr denkt, als man meinen sollte. Ohne dass die Küken sahen, was vor sich ging, brachte man den Hühnern zunächst bei, dass Futter aus einer gelben Schale gut war, wenn es aber in einer blauen Schale lag, nicht genießbar. Hatten sie sich das eingeprägt, sollten sie zusehen, wie in einem angrenzenden Käfig die Küken gefüttert wurden. Wenn sie nun Futter aus der gelben Schale bekamen, waren die Hühner ruhig und entspannt. Wenn den Kleinen aber stattdessen eine blaue Schale hingestellt wurde, wurden die Mütter sofort unruhig. Natürlich gaben die Forscher den Küken in beiden Fällen genießbares Futter, doch die Hühner hatten ja gelernt, dass alles aus der blauen Schale normalerweise nicht essbar war. Sie scharrten und lockten die Küken, pickten auf die Erde und taten, was sie nur konnten, um ihre Küken von der blauen Schale und deren Inhalt wegzulocken. Es war ganz offensichtlich, dass die Hühner sich daran störten und besorgt waren, wenn sie glaubten, dass die Küken einen Fehler begingen.

Es ist vielleicht nicht so verwunderlich, dass Küken sich, wenn sie ein Huhn an ihrer Seite haben, das auf sie aufpasst, ganz anders verhalten als solche, die selbst zurechtkommen müssen. Dass es jedoch ernste Folgen hat, ohne eine Mutter aufzuwachsen, zeigt sich auch an der starken Beeinträchtigung des Gehirns, die man sogar mit bloßem Auge erkennen kann, wenn man das Küken nach dem Tod seziert. Holländische Forscher verglichen die Gehirne erwachsener Hühner, die mit einer Ziehmutter aufgewachsen waren, mit solchen, die auf sich gestellt gewesen waren. Die Gehirne der mutterlosen Vögel waren asymmetrischer als die der anderen - ein Zeichen, dass sie stark beeinträchtigt waren. Obwohl die Vergleichstiere nur wenige Wochen mit ihren Ziehmüttern verbracht hatten, konnte man also lebenslange Veränderungen in ihrem Gehirn feststellen.

Wenn Küken schlüpfen, sind sie weitaus reifer und fähiger als die Jungen der Mehrzahl anderer Vogelarten. Dieser Umstand ist natürlich eine wichtige Grundlage dafür, dass wir überhaupt eine Eierindustrie haben können. Wäre es technisch nicht möglich, Küken ohne die Einbindung der Mütter in großen Mengen schlüpfen zu lassen, hätte sie schlicht nicht funktioniert. Gleichzeitig haben die Küken ihr Leben lang gerade darunter zu leiden. Denn dank ihrer unerhörten Anpassungs- und Überlebensfähigkeit schlüpfen jedes Jahr Milliarden kleiner zukünftiger Legehennen in eine Welt, in der sie niemals eine Mutter zu Gesicht bekommen.

Das Spiel des Lebens

Es macht glücklich, ein Tier spielen zu sehen, nicht? Hunde, die miteinander balgen, Katzenjunge, die einem Wollfaden nachjagen, oder Fohlen, die wie verrückt kreuz und quer über die Weide galoppieren - ihre Freude ist beinahe ebenso ansteckend wie beim Beobachten der eigenen Kinder, wenn sie lachen und herumrennen. Es scheint außer Frage zu stehen, dass die spielenden Tiere glücklich sind. Aber warum spielen Tiere eigentlich?

Das ist keine einfache Frage und die Forschung hat tatsächlich keine definitive Antwort darauf. Was wir mit Sicherheit wissen, ist, dass junge Tiere viel mehr spielen als ältere. Dies gilt ja auch für uns Menschen, wenn auch viele Erwachsene sich, ähnlich Hunden, manchmal ebenfalls mit großem Eifer dem Spiel widmen können. Wir Biologen würden diese Art Fragen (»Warum tun Tiere das?«) gerne in zwei unterschiedliche Typen möglicher Antworten aufteilen. Einerseits kann man über den evolutionären Hintergrund eines Verhaltens nachdenken: Auf welche Weise hat dieses Benehmen das Überleben der Individuen und ihre Fähigkeit, ihre Gene weiterzugeben, begünstigt? Dies wird als ultimate Funktion einer Verhaltensweise bezeichnet. Doch man kann sich natürlich auch fragen, welche naheliegenden Faktoren, etwa Hormone oder verschiedene Reize im Umfeld der Tiere, ihr Verhalten steuern. Dann spricht man von proximaten Verhaltensursachen.

Das Problem beim Spielen ist, dass niemand ganz sicher die Antwort auf sowohl die ultimaten als auch die proximaten Ursachen kennt. Viele meinen jedoch, dass die ultimate Funktion wahrscheinlich darin besteht, den Tieren verschiedene Verhaltensweisen anzutrainieren, die sie in einer »drastischen« Situation zum Einsatz bringen können. Indem sie miteinander kämpfen, einander zum Schein beißen und jagen, lernen sie, wie das geht, wenn es einmal ernst werden sollte. Gleichzeitig trainieren sie ihre Muskeln und Sehnen, sodass sie für die Zukunft besser gerüstet sind.

Spielerischer Instinkt

Doch welche proximaten Ursachen veranlassen Tiere dazu, plötzlich in ungehemmtes Spiel auszubrechen? Meine beiden Hunde haben solche Anfälle bei jedem einzelnen Spaziergang. Trotz ihres relativ hohen Alters widmen sie gerne ein paar Minuten dem Kämpfen und gegenseitigen Jagen. Von Hormonen, die daran beteiligt sein könnten, wissen wir nichts. Doch auch wenn die Ursachen unklar sind, wissen wir doch eine ganze Menge über die Bedeutung des Spiels. Es ist eine Tatsache, dass diese sich teilweise über die »Selbstbelohnung« definiert:

Das Spiel an sich macht froh und glücklich, eine weitere Verstärkung ist nicht erforderlich. Das Spiel selbst ist das Ziel des Spiels.

Ein weiterer wichtiger Aspekt besteht darin, dass Tiere nur spielen, wenn sie entspannt sind. Leben sie in einem Umfeld, das sie stresst, oder fühlen sie sich in ihrer Umgebung unsicher, spielen sie nicht. Ausmaß und Häufigkeit des Spiels können deshalb als Hinweis darauf betrachtet werden, wie es den Tieren geht. Je mehr sie spielen, desto artgerechter ist das Umfeld, in dem sie leben.

Kälber, die in der Gruppe gehalten werden, spielen gerne, wenn es ihnen gut geht. Sie hüpfen und springen und treten nach hinten aus, und das alles gerne gleichzeitig. Sind aber die Boxen zu eng, hören sie auf zu spielen. Eine Forschergruppe nahm Kälber aus ihrer heimischen Box und führte sie in eine große, mit Stroh ausgestattete Box. Das Erste, was sie taten, war loszurennen und zu -hopsen. Sie ließen alle Anzeichen eines aufgestauten Bedürfnisses zu spielen erkennen.

Dasselbe gilt für Schweine. Ferkel spielen ebenfalls gerne Rennspiele und mögen es auch, so zu tun, als würden sie miteinander kämpfen. Sie drücken ihre Seiten aneinander, schlagen mit ihren kleinen Rüsseln und ahmen die ernsthaft aggressiven Verhaltensweisen der erwachsenen Schweine nach. Doch dann brechen sie den scheinbaren Streit plötzlich ab und rennen stattdessen wild hopsend eine Runde, mit den Hinterbeinen hoch in der Luft. Und genau wie Kälber verlieren sie jegliche Lust am Spiel, wenn ihre Umgebung eng und karg ist. Das konnte eine Gruppe von Forschern bei einem ähnlichen Experiment beobachten. Als sie ihnen aber Stroh und eine größere Box bereitstellten, war der Spieltrieb das Erste, was wieder in Gang kam.

Spielen macht glücklich

Forscher von der schwedischen Landwirtschaftsuniversität untersuchten Lämmer und ihren Spieltrieb. Die Resultate zeigten, dass sie die Möglichkeit zum Spiel ebenso zu schätzen schienen wie eine besonders gute Portion Futter. Wenn sie in eine Box mit verschiedenen

Spielsachen und viel Platz zum Herumspringen gelassen wurden, waren sie genauso begeistert und erwartungsvoll, wie wenn sie Futter bekamen. Dies stimmt mit Forschung überein, die gezeigt hat, dass Spiel die Produktion von Endorphinen, einer Art Glücksdroge, die der Körper selbst herstellt, in Gang setzt. Tiere, die spielen, sind offenbar wirklich glücklich.

Wer daran zweifelt, dass Tiere gerne spielen und es lustig haben, kann ja einmal eine Laborratte kitzeln. Das mag absurd klingen, aber Ratten lieben es, gekitzelt zu werden. Hat man es ein paar Mal getan, kommen sie angerannt und werfen sich auf den Rücken, um gekitzelt zu werden, sobald sie sehen, dass man die Hand in den Käfig streckt. Außerdem lachen sie laut. Leider können wir dies ohne spezielle Ausrüstung nicht hören, weil das Lachen der Ratten im Ultraschallbereich liegt, so dass sie ganz leise zu sein scheinen. Tatsächlich aber jubeln sie vor Glück. Umsichtige Forscher in Kanada organisieren sogar Ratten-Kitzelkurse für das Personal in den Tierversuchslaboren. Ein wenig Frohsinn am Tag kann das Leben einer Laborratte maßgeblich verschönern. Und man kann tatsächlich wissenschaftlich nachweisen, dass die Ratten es zu schätzen wissen. Polnische Forscher haben herausgefunden, dass ein wenig tägliches Kitzeln die Tiere optimistischer machte. Nachdem sie gelernt hatten, dass ein bestimmter Ton Futter signalisierte und ein anderer dies nicht tat, bekamen sie ein Geräusch zu hören, dessen Klang zwischen den beiden anderen Tönen lag. Die Ratten, die gekitzelt worden waren, nahmen an, dass nun wohl Futter winke. Dieser Optimismus ist ein sicheres Zeichen dafür, dass sie glücklicher waren und ihr Dasein positiver betrachteten als ihre ungekitzelten Käfigfreunde.

Spielen und Lachen ist nicht nur für Menschenkinder ein großer Spaß. Tiere können beidem mindestens genauso viel abgewinnen.

07.

JEDER IST ANDERS

»Lassen Sie sich nicht davon täuschen, dass Hühner einander äußerlich gleichen und ein Schwein sich für uns kaum vom anderen unterscheiden lässt. Unter der Oberfläche sind sie ebenso unterschiedlich wie wir Menschen.«

SCHÜCHTERN ODER MUTIG?

WIR ALLE kennen Menschen mit unterschiedlichen Persönlichkeiten, nicht? Jemanden, der schüchtern und schweigsam ist und sich bei sozialen Zusammenkünften immer im Hintergrund hält, während jemand anders das pure Gegenteil dazu darstellt, gesprächig und extrovertiert ist. Ich selbst habe z. B. Bekannte, die es lieben, auf steile Berge zu klettern und sich fordernden Strapazen auszusetzen. Für so etwas interessiere ich mich nicht. Ich schätze es mehr, zu Hause zu sitzen und gute Musik zu hören.

Woher kommen solche Unterschiede? Sind wir dazu erzogen worden, unterschiedliche Dinge zu mögen und uns auf unterschiedliche Weise zu verhalten? Teilweise mag dem so sein, doch die Forschung zeigt, dass die Persönlichkeitsunterschiede zwischen Menschen mindestens zur Hälfte genetische Ursachen haben. Man erbt seine Persönlichkeit ganz einfach zu großen Teilen und kann mittels Erfahrung und Erziehung nur bedingt auf sie Einfluss nehmen. Ein scheuer und reservierter Mensch wird dies mit großer Sicherheit sein ganzes Leben lang bleiben.

Aber nicht nur Menschen haben unterschiedliche Persönlichkeiten. All diejenigen, die einen Hund haben, wissen, dass die einzelnen Tiere sich, mögen sie auch von ein und derselben Rasse sein, in ihrer Sicht auf die Welt enorm unterscheiden können. So kann der vorsichtige und ängstliche Schäferhund einen Bruder oder eine Schwester haben, der oder die es liebt, mit allem und jedem Unfug zu treiben. Solche Unterschiede zeigen sich bereits deutlich in der Welpenzeit.

Früher dachte man, dass derartige Variationen unter Tieren auf Zufälligkeiten oder den unterschiedlichen Erfahrungen der einzelnen

Tiere beruhen. Es hat sich allerdings gezeigt, dass bei nahezu allen Tierarten, die Forscher untersuchten, derartige Unterschiede in der Persönlichkeitsstruktur auftauchten. Von verschiedenen Insekten und Fischen bis hin zu unseren nächsten Verwandten unter den Menschenaffen findet man individuelle Eigenheiten, die den unseren entsprechen. Es mag verwunderlich klingen und schwer zu glauben sein, dass es mutige Fruchtfliegen, schüchterne Grillen und aggressive Lachse geben soll, doch die Forschung besagt eindeutig: Tiere haben Persönlichkeit und diese steuert, wie sie agieren.

Gibt es introvertierte Tiere?

Tiere können nicht mit Worten beschreiben, was sie fühlen und denken. Was ist also gemeint, wenn man bei ihnen von Persönlichkeit spricht? Nun ja, genau dasselbe wie bei der Beschreibung der Persönlichkeit von Menschen. Es handelt sich um Unterschiede in kognitiven Eigenschaften und darum, wie verschiedene Individuen in unterschiedlichen Situationen reagieren. Wenn man Tiere auch nicht fragen kann, so kann man doch ihr Verhalten beobachten, und wenn ein bestimmtes Tier sich in verschiedenen Situationen immer ähnlich verhält, sagen wir, dass das an seiner Persönlichkeit liegt. Um die Unterschiede beschreiben zu können, versehen wir die Eigenschaften, in welchen die Individuen variieren, oft mit Etiketten, wie z. B. »aufgeschlossen«, »introvertiert« oder »sorgfältig«. Manche Persönlichkeitsunterschiede kommen im Prinzip bei allen Arten vor, die man beobachtet hat. Beispielsweise variiert fast immer die Ausprägung, in der

→

Tiere haben Persönlichkeit. Unterschiedliche Tiere haben unterschiedliche Bedürfnisse und Anforderungen an ihr Umfeld und ihre Behandlung. Dieser Tatsache wird in der Tierhaltung nur selten Rechnung getragen.

1101

einzelne Tiere einer bestimmten Art aufgeschlossen oder zurückhaltend und schüchtern sind.

Selbstverständlich machen unsere Nutztiere hier keine Ausnahme. Auch Schweine, Hühner und Kühe haben unterschiedliche Persönlichkeiten und diese Tatsache ist sehr bedeutsam für ihr Wohlergehen in den landwirtschaftlichen Betrieben.

Forscher haben herausgefunden, dass Schweine ganz verschieden auf Dinge reagieren, die auf einem Hof passieren. Einige regen sich sehr auf, wenn sie von ihrer Gruppe getrennt werden. Andere reagieren darauf weniger stark, sind aber auf der anderen Seite Eindringlingen gegenüber sehr aggressiv. Wiederum andere sind bedeutend duldsamer und gehen Streit, auch mit Fremden, am liebsten aus dem Weg. Schweine mögen aussehen wie eine Ansammlung identischer rosafarbener Fleischberge, doch jedes einzelne von ihnen hat seine eigene Persönlichkeit.

Hühner treten oftmals als eine anonyme Masse gefiederter Eierlegemaschinen auf, aber auch sie haben Persönlichkeit. So manche von ihnen sind neugierig und erkundungsfreudig, andere sind dagegen vorsichtig und meiden, was sie nicht kennen. Auch unter Hühnern gibt es solche, die Fremde verabscheuen und jedes unbekannte Tier angreifen, während andere toleranter und abwartender sind. Die Persönlichkeit kann z. T. natürlich während des Aufwachsens beeinflusst und bis zu einem gewissen Grad auch durch Erfahrungen geprägt werden, doch ebenso wie bei anderen Tieren bleiben die Unterschiede zwischen Hühnerindividuen über die Zeit hinweg recht konstant. Eine besonders empfindliche Phase, während derer Eigenschaften beeinflusst werden können, ist die Pubertät. Viele Hühner verlassen diese mit einer teilweise veränderten Persönlichkeit.

Die Persönlichkeit beeinflusst das Melken

Kühe haben in höchstem Grade Persönlichkeit. Bei just diesen Tieren ist das für uns wohl keine große Überraschung, weil sie täglich Umgang mit Menschen haben und es daher viel leichter ist, ihre individuellen Unterschiede zu entdecken. Wenn Rosa jeden Tag die Melkmaschine abschüttelt, während Stern niemals auf eine solche Idee käme, ist es für den Bauern ganz natürlich, sie als unterschiedliche Persönlichkeiten wahrzunehmen. Schweine und Hühner bekommen in einem modernen Betrieb selten die Gelegenheit, ihre Eigenheiten zu zeigen, doch bei Kühen erkennt man sie deutlich.

Ein schwedisches Forscherpaar begleitete einen ganzen Winter lang eine Herde Kühe und beobachtete das Verhalten jedes einzelnen Tiers genau. Es stellte fest, dass einige von ihnen beim Melken beinahe immer unruhig waren. Sie gingen ständig auf und ab und fühlten sich sichtlich unwohl. Stellten die Forscher sie ein Stück entfernt von der Gruppe allein in eine Box, muhten sie intensiv und hielten unablässig Ausschau nach ihren Freunden. Andere waren stattdessen beim Melken ruhig und ausgeglichen, sie störten sich auch nicht sehr daran, eine Weile allein zu sein. Diese Unterschiede zwischen den Kühen konnten während der gesamten Zeit an ihnen beobachtet werden.

Gleichzeitig dokumentierte man, wie viel Milch jede Kuh in der Herde produzierte. Es zeigte sich, dass die Kühe, die nervöser veranlagt waren, die beim Melken unruhig waren und die sich aufregten, wenn sie nicht bei der Herde waren, auch weniger Milch gaben. Das Wissen um die Persönlichkeit seiner Tiere kann also für den Bauern, der auf seinem Hof Geld verdienen möchte, relevant sein. Manche Kühe benötigen offensichtlich eine besonders behutsame Hand.

Gleiches Recht für alle?

Aber spielt es denn eigentlich eine Rolle, ob alle Hühner, Schweine und Kühe ihren Artgenossen ähneln oder nicht? Ja, das kann von großer Bedeutung sein. Gesetze, Verordnungen und Regeln bauen im Grunde fälschlicherweise auf der Idee auf, dass es zwischen einzelnen Tieren keinen Unterschied gibt. Bestimmungen zu Ausformung und Größe der Boxen, Regeln für Fütterung und Pflege und Anleitungen zum Umgang mit Tieren im Alltag sind allesamt gestaltet, als ob ihre Persönlichkeiten nicht existierten.

Eine Box für Mastschweine ist auf etwa einen Quadratmeter Platz pro Schwein ausgelegt. Dies ist vielleicht gerade so für ein introvertiertes und passives Schwein akzeptabel, für ein aufgeschlosseneres und neugierigeres Tier ist diese Box aber viel zu klein. Ferkel dürfen von ihrer Mutter getrennt werden, wenn sie vier Wochen alt sind. Aber was passiert dann z. B. mit dem besonders sicherheitsbedürftigen kleinen Schwein, das noch nicht in der Lage ist, feste Nahrung zu sich zu nehmen? Auch die zehntausende von Hühnern im Legebetrieb sind alle kleine Persönlichkeiten. Die Gruppe enthält sowohl neugierige und abenteuerlustige als auch vorsichtige Hühner, die gerne bleiben, wo sie sind. Alle haben sie unterschiedliche Bedürfnisse und Anforderungen an ihre Umgebung, doch es wird von ihnen erwartet, dass sie Seite an Seite in einem durch und durch standardisierten Stallmilieu leben. Ein solcher Stall kann unter diesen Umständen im schlechtesten Fall für keines der Tiere geeignet sein.

Mit Stress geht jeder anders um

Wenn die Umgebung nicht mit den Bedürfnissen der Tiere übereinstimmt, entsteht leicht Stress. Auch hier spielen die Persönlichkeiten eine Rolle. Manche Tiere werden unter Stress extrovertiert. Sie versuchen, der Situation Herr zu werden, indem sie aktiv und aggressiv werden. Andere wiederum werden verschlossen und passiv. Ihre Taktik besteht darin zu versuchen, mit dem Problem zu leben, und zu hoffen, dass es bald vorbeigeht.

Die beschriebenen Persönlichkeitsunterschiede lassen sich auch an den körperlichen Reaktionen ablesen. Tiere, die aktiv mit Stress umgehen, weisen einen erhöhten Puls und Blutdruck auf und setzen große Mengen Adrenalin frei. Die Zurückhaltenderen reagieren nicht so stark mit Herz und Blutgefäßen, sondern setzen dafür mehr vom Stresshormon Cortisol frei. In der Folge bringt derselbe Stress, verursacht z. B.

durch das Leben in einer zu kleinen Box mit viel zu vielen Tieren, je nach Persönlichkeitsstruktur ganz unterschiedliche Konsequenzen mit sich. Die aktiven Stressbewältiger laufen mehr Gefahr, nach außen gerichtete Verhaltensmuster wie Kannibalismus zu entwickeln und Herz- und Gefäßkrankheiten zu bekommen. Passive Individuen auf der anderen Seite geraten leichter in apathische Zustände und riskieren, krank zu werden.

Ist es überhaupt möglich, große Gruppen von Tieren in der Landwirtschaft zu versorgen und gleichzeitig ihre individuellen Unterschiede zu berücksichtigen? Ja. Ein guter Anfang ist, den Tieren die Option zu geben, selbst zu entscheiden, wie ihr Leben im Stall aussehen soll. Wenn der Stall und die Boxen groß genug und sinnvoll strukturiert sind, können sowohl die Forschen als auch die Schüchternen unter ihnen Rückzugsorte finden und ihre Bedürfnisse ausleben. Haben die Tiere außerdem Zugang zu einer Weide oder einem Außenstall, nimmt ihre Wahlfreiheit noch mehr zu. Und wer für ihre tägliche Versorgung verantwortlich ist, kann seine Arbeit und seinen Umgang mit den Tieren ihren individuellen Bedürfnissen anpassen. Unterschiedliche Persönlichkeiten erfordern eben unterschiedliches Geschick.

Vielleicht sollte die wichtigste Lehre für uns alle sein, Tiere endlich als die Individuen wahrzunehmen, die sie sind. Lassen Sie sich nicht davon täuschen, dass Hühner einander äußerlich gleichen und ein Schwein sich für uns kaum vom anderen unterscheiden lässt. Unter der Oberfläche sind sie ebenso individuell wie wir Menschen.

Beißen und hacken aus Stress und Angst

Wenn Sie schon einmal einen Schweine- oder Hühnerbetrieb in z. B. Dänemark, Holland oder Deutschland besucht haben, ist Ihnen sicher etwas Eigentümliches aufgefallen: Die Schweine haben keinen Schwanz und die Hühner einen gestutzten Schnabel. Das liegt daran, dass die Viehhalter die Schwänze der neugeborenen Schweine abgeschnitten und die Schnäbel der Hühner abgeknipst haben, sobald sie aus dem Ei geschlüpft sind. Warum? Um zu verhindern, dass die Schweine sich selbst gegenseitig die Schwänze abbeißen und die Hühner einander die Federn ausreißen und vielleicht sogar andere in der Gruppe zu Tode picken.

Verhaltensstörungen, die sich gegen Artgenossen in der Gruppe richten, sind in Großbetrieben mehr als üblich und ihnen ist nur schwer Herr zu werden. In vielen Ländern betrachtet man daher die vorbeugende Amputation dieser Körperteile der Tiere als einzige Möglichkeit, um zu verhindern, dass sie einander gegenseitig verstümmeln. Keiner dieser Eingriffe ist in Schweden erlaubt und sie werden auch nicht praktiziert. Auch in vielen anderen Ländern innerhalb der EU sind sie verboten - dennoch fehlt nahezu allen Schweinen in anderen Ländern der Schwanz und Hühner müssen sich damit abfinden, nur einen Unterschnabel zu haben. Regeln und Verordnungen werden nicht von allen akzeptiert.

Sowohl Schwanzbeißen als auch Gefiederhacken können auch in der schwedischen Tierhaltung zum Problem werden, jedoch selten in dem Ausmaß, das man in Betrieben in anderen Ländern beobachten kann. Woran liegt das? Warum können schwedische Bauern ihre Tiere aufziehen, ohne dass sie aufeinander losgehen, wenn ein dänischer das anscheinend nicht schafft?

Um dies zu verstehen, müssen wir uns zunächst nach der Ursache dieses kannibalistischen Verhaltens fragen. Oft heißt es, dass beißende Schweine und hackende Hühner »aggressiv« seien oder dass sie die betroffenen Tiere »mobben« würden. Das ist völlig falsch. Ihr Verhalten hat nichts mit Aggression zu tun. Ein Schwein beißt ein anderes nicht in den Schwanz, weil es wütend ist oder sich einen Vorteil in der Gruppe verschaffen möchte. Und Hühner haben ihre angeborene Hackordnung, die steuert, wem erlaubt ist, sich wem gegenüber aggressiv zu verhalten, doch das hat nichts damit zu tun, welches von ihnen Federn pickt.

Natürliche Neugier

Ein kleines Puzzlestück erhalten wir vielleicht, wenn wir darüber nachdenken, welche Tiere in Großbetrieben kein kannibalistisches Verhalten entwickeln. Kühe gehen beispielsweise andere in der Herde nie auf diese Weise an. Schafe beißen anderen vielleicht manchmal Wolle aus dem Fell, doch das geschieht selten und nie in dem Ausmaß, das ein Ausbruch gegenseitigen Schwanzbeißens annehmen kann. Was unterscheidet also Kühe und Schafe auf der einen Seite von Schweinen und Hühnern auf der anderen? Die wohl etwas unerwartete Antwort lautet: die Ernährung. Sowohl Schweine als auch Hühner sind naturgemäß Allesfresser, während Kühe und Schafe reine Pflanzenfresser sind. Ein Schwein oder ein Huhn weist kaum etwas auf der Speisekarte zurück. Pflanzen, Insekten, Wurzeln, Blätter, Aas und sogar Beutetiere, die sie selbst töten, wenn sie die Gelegenheit dazu bekommen, werden mit großem Appetit gegessen. In Australien und Neuseeland, wohin sie eingeführt wurden und wo sie erst recht spät in der Geschichte verwilderten, stellen Schweine ein großes Problem für die so wichtige Schafzucht dar. Herden »wilder« Schweine fallen nämlich häufig auf Schafkoppeln ein, wo sie neugeborene Lämmer töten und fressen.

Wie kann also das Futtersuchverhalten eine Erklärung für das Auftreten von kannibalistischem Verhalten liefern? Nun ja, Hühner und Schweine haben eine spezielle Veranlagung, die sie mit anderen Allesfressern teilen: Sie untersuchen gerne und sind immer neugierig. Grund dafür ist, dass sie in ihrer natürlichen Umgebung ständig auf der Jagd nach Essbarem sein müssen. Eine Kuh oder ein Schaf lebt mitten unter seinem Futter und muss nicht lange überlegen, wohin es gehen soll, um an ein Abendessen zu kommen. Wildschweine und Rote Dschungelhühner, die Vorfahren unserer Schweine und Hühner, überleben in der Wildnis nicht lange, wenn sie nicht immerzu nach neuem Futter suchen. Was sie gestern satt gemacht hat, ist morgen vielleicht nicht mehr da, weswegen es überlebensnotwendig ist, neue Futterplätze zu finden. Und das Erbe ihrer Vorfahren hat sich erhalten. Obwohl die Viehhalter die heutzutage zahmen und domestizierten Nachkommen mit freiem Zugang zu allem, was sie an nährreichem Futter benötigen, ausstatten, treiben uralte Instinkte sie dazu an, ihre Umgebung in einem fort zu untersuchen.

Dies ist der Hintergrund der Neugier von Schweinen und Hühnern. Wenn man sich mitten in eine Gruppe von Schweinen in einer Box begibt, muss man damit rechnen, gründlich untersucht zu werden. Sie riechen, wühlen und beißen so in Stiefel und Hosen, dass es schwer ist, sich auf den Beinen zu halten. Und meine Hühner zu Hause lassen nicht länger als ein paar Sekunden auf sich warten, wenn ich mit dem Spaten komme, um ein wenig im Garten zu arbeiten. Unendlich interessiert an jedem Spatenstich sind sie blitzschnell da, um nachzusehen, was zutage kommt, wenn ich grabe.

Futter auf dem Tablett serviert

Man bekommt einen gewissen Eindruck davon, wie stark dieser Drang zu erforschen und Futter zu suchen ist, wenn man die Tiere in einer natürlichen Umgebung beobachtet. Verschiedene Forscher haben beispielsweise Schweine in ausgedehnte natürliche Gehege gelassen, um zu dokumentieren, womit sie sich beschäftigen, wenn sie selbst wählen dürfen. Dabei hat sich gezeigt, dass sie beinahe die Hälfte ihrer Zeit damit zubringen, in der Erde zu wühlen und zu graben. Mehrere Stunden pro Tag widmen sich Schweine voll und ganz der Suche nach Futter.

Der britische Forscher Marian Dawkins begleitete eine Zeit lang in einem Tierpark Gruppen des Roten Dschungelhuhns. Sie konnten sich im gesamten Park frei bewegen und sich beschäftigen, wie sie wollten. Dawkins stellte fest, dass sie mehr als 60 % ihrer Zeit auf das Picken in der Erde zur Futtersuche verwendeten.

Angesichts dieses starken Drangs zu wühlen, zu kauen und zu picken ist es vielleicht nicht so verwunderlich, dass die Tiere sich danach sehnen, diesen auch dann auszuleben, wenn sie auf einem Hof in einer Box oder einem Käfig eingesperrt sind. Natürlich gibt man Schweinen und Hühnern mit besten Absichten Futter, das im Hinblick auf seinen Nährstoffgehalt sinnvoll zusammengestellt ist. Gewiss will man den Tieren nichts Böses, wenn man ihnen das Futter auf so leicht zugängliche Weise wie irgend möglich vorsetzt. Doch die Folge ist leider, dass dies sie zu einem Leben voll aufgestauter Frustration und einer Sehnsucht danach, etwas untersuchen zu dürfen, zwingt.

Diese Sehnsucht wurde beispielsweise anhand der folgenden einfachen Experimente nachgewiesen. Man bot Hühnern ihr übliches Futter in zwei unterschiedlichen Behältern an. In dem einen lag das Futter offen und frei zugänglich, und waren sie hungrig, mussten sie einfach nur lospicken. Im anderen Behälter hatten die Forscher das Futter mit Sägespänen vermischt. Ungefähr ein Drittel des Inhalts war tatsächlich Futter, den Rest konnten die Hühner nicht fressen. Nach 24 Stunden wog man den Inhalt in beiden Behältern, um zu sehen, aus welchem die Hühner gefressen hatten. Aus dem Behälter mit der Sägespanmischung war die Hälfte konsumiert worden. Sie waren gezwungen gewesen, lange darin zu picken und zu scharren, um jedes einzelne kleine Korn zu finden. Man sollte glauben, dass Tiere bequem sind und sich einfach auf das frei zugängliche Futter stürzen, aber der Genuss, sein Futter selbst zu suchen und zu finden, ist so stark, dass sie lieber große Teile der Gratismahlzeit zugunsten der Möglichkeit verschmähten, die Leckerbissen auf eigene Faust zu finden.

Das einzig Spannende in der Box sind die Artgenossen

In den großen Landwirtschaftsbetrieben haben Schweine und Hühner tagein, tagaus diesen angestauten Erkundungsdrang und das Verlangen, nach Futter zu suchen. Doch die Milieus, in denen wir sie halten, bieten dazu nicht viele Optionen. Schweineboxen sind karg und lassen jegliche Beschäftigungsmöglichkeit vermissen. Hühner leben in enorm großen Gruppen, in denen es schwer ist, Ruhe und Stabilität zu finden, und die Hühnerställe sind für ein neugieriges Hühnerhirn auch nicht sonderlich stimulierend. Viele Tiere drängen sich auf engstem Raum. Was sollen sie mit ihrer angestauten Frustration anfangen? Es ist wohl naheliegend, sie am Einzigen auszulassen, was ein wenig Stimulanz bieten kann: den Freunden in der Gruppe.

Wenn man schon nicht in die Erde beißen und darin herumwühlen und -picken kann, so kann man doch immer noch ein anderes Tier für diese Tätigkeit heranziehen. Es gilt dann natürlich, Körperteile auszuwählen, die nicht zu nahe an Maul oder Schnabel des Gegenparts verortet sind, denn dann muss man damit rechnen, selbst gezwickt zu werden. Deshalb beißen Schweine vor allem in den Schwanz und Hühner picken die Federn von Po und Rücken ihres Gegenübers.

Wenn die Tiere einmal damit begonnen haben, besteht das Risiko, dass die Lage schnell eskaliert. Wenn sie so lange beißen und picken, dass das andere Tier zu bluten beginnt, wird der sonst so karge und langweilige Alltag plötzlich spannend. Blut riecht nicht nur interessant, sondern sieht auch spannend aus. Weitere Tiere werden von der Wunde angezogen und beginnen mit ihrem ganzen frustrierten Erkundungsbedürfnis, noch mehr in die Wunde zu beißen und zu picken. In dieser Situation kann es schnell gehen. Ein blutendes Schwein oder Huhn kann innerhalb kurzer Zeit zu Tode gebissen bzw. gepickt werden. Noch immer ist keine Aggression involviert, es ist natürliche Neugier, die diese entsetzlichen Folgen mit sich bringt.

Man mag vielleicht denken, dass es nicht so dramatisch ist, einen Schnabel oder einen Schwanz zu amputieren, wenn dies solche kannibalistischen Verhaltensweisen verhindern kann. Möglicherweise stellt man sich den Schnabel wie einen Fingernagel und den Schwanz wie ein gefühlloses Anhängsel vor. Dann könnte das Tier gut ohne diese Attribute auskommen. Beide Körperteile sind jedoch reichlich mit Nerven versehen und sehr empfindlich. Der Schnabel eines Huhns entspricht dahingehend unseren Fingerspitzen. Mit ihm spüren sie bei jedem Picken nach, was sie gefunden haben, und können verschiedene essbare Dinge voneinander unterscheiden. Die Forschung hat gezeigt, dass sowohl Hühner als auch Schweine nach den Amputationen über längere Zeit Schmerzen haben und sogar sogenannte Phantomschmerzen - Schmerzen, die sich anfühlen, als gingen sie von dem amputierten Körperteil aus - wahrnehmen können. Ein Huhn hat also möglicherweise sein ganzes Leben lang Schmerzen in dem Schnabel, den es gar nicht mehr hat. Und einem Schwein kann sein nicht mehr vorhandener Schwanz wehtun.

In gewissem Maß kann man kannibalistischen Verhaltensweisen vorbeugen, indem man den Tieren etwas gibt, womit sie sich beschäftigen und ihren Erkundungsinstinkten freien Lauf lassen können. Für Schweine ist Stroh unschlagbar. Sie werden nie müde, darauf herumzubeißen und -zukauen, sie wühlen nur zu gerne in einem Strohhaufen und sie können die Strohhalme sogar fressen, auch wenn sie keine sonderlichen Nährstoffe enthalten. Dasselbe gilt für Hühner. Wenn man Tieren mehr Platz gewährt, sodass sie Raum für ihre Futtersuchaktivitäten haben, stellt dies ebenfalls eine Erleichterung dar.

Mit solch einfachen Methoden gelingt es schwedischen Bauern zumeist, Schweine mit Schwanz und Hühner mit vollständigem Schnabel aufzuziehen. In anderen Ländern geht man einen anderen Weg. Dort beugt man vor, indem man Tiere verstümmelt und ihrem Futter Antibiotika beimischt, um das Risiko zu minimieren, dass sie vor lauter Wunden und Stress krank werden. Eigentlich ist das sonderbar, wenn man bedenkt, dass nur etwas mehr Stroh und ein paar Quadratzentimeter mehr Platz nötig sind, um auf die quälenden Eingriffe verzichten zu können.

08.

DIE FREUDE AM LERNEN

»Lernt man etwas,
wird das Belohnungssystem
des Gehirns stimuliert,
was dazu führt, dass man sich
gut fühlt und sich freut.
In diesem Punkt gibt es keinen
Unterschied zwischen uns
und einem Hund, einer Kuh
oder einem Schwein.«

SEINE UMWELT ERFORSCHEN

GIBT ES ETWAS SCHÖNERES, als etwas Neues zu lernen? Ich erinnere mich deutlich, wie der Wind mir durchs Haar fuhr, als mir als Kind zum ersten Mal das Fahrradfahren gelang, ohne dass mich jemand festhielt. Die Freude, ja, die Euphorie darüber, eine neue Fähigkeit zu beherrschen, kann grenzenlos sein, und ich glaube, wir alle haben ähnliche Erinnerungen, die sich für immer in unser Gedächtnis eingeprägt haben. Dieses Gefühl, als man plötzlich merkte, dass man sich ohne Schwimmflügel im Wasser fortbewegen kann. Oder als man zum ersten Mal den Schriftcode knacken konnte und die unbegreiflichen Buchstaben auf dem Papier Bedeutung erhielten und sich einem eine Welt voller Geschichten eröffnete.

Tiere können natürlich Neues lernen. Alle diejenigen von uns, die einen Hund haben, wissen, dass sie nicht nur dazu gebracht werden können, verschiedene Befehle wie »Sitz« und »Komm« auf Kommando zu befolgen, sondern dass sie auch recht komplizierte Dinge selbstständig erlernen können. Sie können z. B. herausfinden, wie man Türen öffnet oder wie man Frauchen am besten dazu bringt, ihnen einen neuen Kauknochen zu holen. Kühe lernen, wann es Zeit ist, sich von der Weide zum abendlichen Melken nach Hause zu begeben, und reihen sich am Gatter auf. Meine Hühner entdeckten schnell unser Vogelhäuschen, und wenn man sie aus ihrem Stall lässt, laufen sie direkt dorthin, um nach Samen zu suchen, die den Kohlmeisen auf die Erde gefallen sind. Doch können Tiere die gleiche Freude über ihre neuen Kenntnisse empfinden wie wir Menschen?

Wenn man daran interessiert ist, sein Pferd oder seinen Hund zu trainieren und Bücher und Artikel über Wissenserwerb liest, kann man manchmal den Eindruck gewinnen, dass Tiere kleine Maschinen ohne tiefere Gefühle sind. Schon seit vor etwa 100 Jahren die Lerntheorien von Forschern wie Pavlov und Skinner entwickelt wurden, wird zur Beschreibung dessen, was vor sich geht, wenn Tiere etwas erlernen, eine geradezu mathematische Sprache verwendet. Da wird von Begriffen wie unbedingten und bedingten Reflexen, von operanten Handlungen, von Verstärkung und Löschung gesprochen. Es scheint die Auffassung vorzuherrschen, dass Tiere zwar sicherlich reagieren und unterschiedliche Zusammenhänge herstellen können, doch die Option, dass sie selbst neugierig sein und nach Wissen streben könnten, wird selten diskutiert. Man stelle sich nur vor, es wäre für ein Tier ebenso freudvoll, Neues zu erlernen, wie für unsereins!

Heureka – die Freude der Erkenntnis

Die klassische Lerntheorie baut natürlich darauf, dass Tiere bestimmte Ereignisse als positiv und andere als negativ wahrnehmen. Wenn ein bestimmtes Verhalten etwas Erfreuliches wie z. B. Leckereien mit sich bringt, wird das Tier es wiederholen. Führt eine Handlung aber im Gegenteil zu etwas Unangenehmem wie einem Stromschlag oder Schelte, vermeidet das Tier dieses Verhalten in Zukunft. Das ist die Grundlage allen Lernens bei Tieren. Doch können sie auch einfach nur etwas lernen, weil sie Freude daran haben?

Die britischen Verhaltensforscher Kristin Hagen und Donald Broom haben genau darüber nachgedacht. Sie entwickelten ein Experiment, um zu untersuchen, ob das Lernen selbst, also der Vorgang der Problemlösung, für ein Kalb vergnüglich sein kann. In ihrem Versuch mussten die Kälber selbst herausfinden, dass sie mit dem Maul auf eine Platte drücken mussten, um ein Gatter zu öffnen. War es offen, stand ihnen der Weg durch einen Korridor frei, an dessen Ende besonders gutes Futter auf sie wartete. Die Kälber trugen eine Messvorrichtung bei sich, die während des ganzen Vorgangs ihren Puls maß.

Zu Beginn verstand natürlich keines der Kälber, was das Ganze sollte. Aber nachdem sie es ein paarmal versucht hatten, kamen sie allmählich darauf. Das Ergebnis war eindeutig: Als sie endlich begriffen hatten, was von ihnen erwartet wurde, stieg ihr Puls stark an, so wie er es bei Erregung tut. Ihr Verhalten wurde gespannt und vergnügt, als es ihnen schließlich gelang, das Gatter zu öffnen. Sie hüpften und sprangen in offensichtlicher Begeisterung darüber, dass sie die Lösung des Problems gefunden hatten.

Nun könnte man natürlich meinen, dass nicht im Geringsten das Lernen selbst das Schöne war. Vielleicht freuten sich die Kälber einfach nur, als sie erkannten, dass sie etwas schmackhaftes Futter bekommen würden. Doch die Forscher hatten dieses Problem vorhergesehen und mit einer eleganten Variante des Experiments gelöst. Eine andere Gruppe Kälber durchlief nämlich dieselbe Prozedur, mit dem Unterschied, dass sie nichts lernen mussten. Wenn ebenso viel Zeit vergangen war, wie die erste Gruppe gebraucht hatte, um das Problem zu lösen, öffnete sich das Gatter von selbst. Sie bekamen das gleiche gute Futter wie die anderen und mussten einfach nur zugreifen. Diesen Kälbern wurde also, abgesehen davon, dass sie nichts lernen mussten, exakt dasselbe Erlebnis und dieselbe Belohnung geboten. Die Forscher stellten fest, dass der Puls der Tiere nicht ansatzweise in ähnlicher Art anstieg und sie nicht annähernd dasselbe erregte Verhalten an den Tag legten.

Das Ergebnis zeigt, dass das Lernen selbst das Schöne war. Die Belohnung, das gute Futter, war gewiss ebenfalls ein positives und erfreuliches Erlebnis, doch besonders glücklich machte die Kälber das Austüfteln der Lösung des Problems.

Im Grunde ist die Erkenntnis, dass Kälber Freude über ihre Lernergebnisse empfinden, nicht allzu verwunderlich, wenn man weiß, wie das Gehirn funktioniert. Sowohl bei Tieren als auch bei Menschen wird ein bestimmter Teil des Gehirns hinzugezogen, wenn ein Individuum nach einer Lösung dafür sucht, wie es etwas erreichen kann, das es

sich wünscht. Das Nervensystem wird in diesem Teil des Gehirns von einem Stoff gesteuert, der Dopamin heißt. Viele kennen Dopamin als die chemische Substanz hinter Glück und Wohlbefinden. Lernt man etwas, wird das Belohnungssystem des Gehirns stimuliert, was dazu führt, dass man sich gut fühlt und sich freut. In diesem Punkt gibt es keinen Unterschied zwischen uns und einem Hund, einer Kuh oder einem Schwein.

Lernen vergoldet den Alltag

Dadurch kam die Idee auf, dass Lernen und Problemlösung in der Intensivlandwirtschaft als eine Art intellektuelle Stimulanz bei Tieren eingesetzt werden könnten, die ihr Leben in kargen und tristen Ställen fristen. Man hat beispielsweise Versuchsanordnungen ausprobiert, im Rahmen derer die Tiere selbst herausfinden sollten, auf welchem Weg sie etwas mehr Futter bekommen konnten. Dies erforderte einiges Nachdenken vonseiten der Ingenieure und Forscher, weil man die unterschiedlichen Bedürfnisse und Verhaltensweisen verschiedener Tierarten berücksichtigen musste. Doch sowohl mit Ziegen als auch mit Schweinen hat man interessante derartige Versuche gemacht.

Das Lernen kann also einen stimulierenden Grund für Freude in dem ansonsten tristen Alltag einer Kuh oder eines Schweins darstellen, aber es kann gleichzeitig auch dem Bauern das Leben erleichtern. Hier ein schönes Beispiel: Üblicherweise ist die Fütterung von Schweinen so organisiert, dass ihnen das Futter in einer bestimmten Box gegeben wird, in der die Schweine nur einzeln nacheinander fressen können. Die Box hat am Eingang eine verschlossene Tür und kann jeweils von

←

Etwas Neues zu lernen, bereitet einer Ziege oder einer Kuh ebenso viel Freude wie unsereins.

nur einem Tier geöffnet werden, indem ein Ablesegerät seine Identität anhand eines elektronischen Halsbands ermittelt. Dasselbe Halsband sorgt auch dafür, dass die richtige Menge Futter in der Box bereitgestellt wird, wenn das Schwein hereinkommt.

Das System stellt sicher, dass jedes Schwein exakt die Menge Futter erhält, die es benötigt. Das heißt, wenn es funktioniert. Und das tut es bei Weitem nicht immer.

Das häufigste Problem besteht darin, dass mehrere Schweine zugleich in die Box drängen und um das Futter streiten. Sie lauern einander schlicht am Eingang auf und schlüpfen mit einem Schwein hinein, das sein Futter noch nicht bekommen hat. Auf diese Weise können sie sich auf Kosten eines anderen ein wenig zusätzliches Futter ergaunern. Es kommt auch vor, dass Schweine den Eingang bewachen und die anderen vertreiben, sodass diese nicht hineinkommen und fressen können.

Eine Gruppe deutscher Forscher kam auf eine Lösung, die, wie sich zeigte, in der Praxis besser funktionierte als erwartet. Warum den Schweinen nicht ganz einfach beibringen, nur dann zur Fütterung zu gehen, wenn sie aufgerufen werden? Zunächst gab man jedem Schwein in der Gruppe einen Namen. So hießen sie beispielsweise Irene, Kassandra oder Honolu. Dann brachte man ihnen bei, dass die Tür zur Fütterungsbox sich nur für das Schwein öffnete, dessen Name über einen Lautsprecher aufgerufen wurde.

Es zeigte sich, dass die Schweine recht schnell begriffen, worum es ging. Zwar war einiges an freudvollem Training nötig, ehe der Groschen fiel, doch dann verstanden sie die Abläufe gut. Auf Filmen, welche die Forscher aufnahmen, kann man sehen, wie eine Gruppe Schweine ruhig im Stroh liegt und schläft. Als der Lautsprecher Irene ausruft, steht nur sie auf, während die übrigen Tiere überhaupt nicht reagieren. Irene geht dann ruhig und besonnen zur Box, öffnet die Tür ohne irgendwelche Konkurrenten um sich herum und frisst ihre Ration. Die anderen wissen, dass es sinnlos ist, sich aufzuregen, weil sie später an der Reihe sind. Alle in diesem Arrangement stehen als Gewinner da: Die Schweine haben intellektuelle Stimulanz erfahren und der Bauer hat Ruhe und Frieden in seinem Bestand.

Weißt du noch?

Nicht nur Schweine können komplizierte Dinge erlernen. Eine britische Forschergruppe beobachtete Ziegen, die versuchen sollten, ein recht schwieriges zweistufiges Problem zu lösen. Das Experiment ähnelt solchen, die man früher benutzt hatte, um die Intelligenz von Schimpansen zu untersuchen. Um an die Leckerbissen zu kommen, die man in einen durchsichtigen Plastikbehälter gegeben hatte, waren die Ziegen gezwungen, zunächst mit dem Maul einen Hebel aus dem Behälter zu ziehen. Im Anschluss sollten sie den Hebel mit der Schnauze anheben, damit das Futter in eine kleine Schale fallen konnte. Erst dann bekamen sie endlich die ersehnte Belohnung.

Die Problemstellung war für die Ziegen recht schwierig (genauso wie für die Schimpansen), dennoch gelang es zum Schluss beinahe allen herauszufinden, was sie zu tun hatten. Das Interessanteste an diesem Versuch war jedoch, was die Forscher hinsichtlich des Gedächtnisses der Tiere ermittelten. Nachdem die Ziegen die Aufgabe erfüllt hatten, lebten sie zehn Monate lang ein ganz normales Ziegenleben, ohne den Apparat in diesem Zeitraum zu Gesicht zu bekommen. Im Anschluss daran testete man sie nochmals auf dieselbe Weise wie zuvor. Sämtliche Ziegen wussten nun sofort, wie das schwierige Problem zu lösen war, und bewältigten es beim ersten Versuch. Sie konnten sich ganz einfach erinnern, wie sie das beinahe ein Jahr zuvor bewerkstelligt hatten. Welch imposante Gedächtnisleistung, von der ich nicht sicher bin, ob ich selbst sie zustande brächte.

Die Forschung hat eindeutig gezeigt, dass Tiere keine gefühllosen Lernmaschinen sind. Sie sind neugierig und haben die Fähigkeit, Probleme zu lösen. Eine Ziege oder eine Kuh spürt nur zu gerne auf eigene Faust Probleme auf und unternimmt dann verschiedene Versuche, diese zu lösen. Und wenn sie die Lösung gefunden hat, ist sie glücklich. Darum ist der Gedanke recht tragisch, wie trist und einförmig das Umfeld ist, in dem die meisten Nutztiere ohne jegliche intellektuelle Stimulanz, die ihr Dasein etwas erfreulicher machen könnte, auf den Höfen leben.

Das Einmaleins der Tierwelt

Wenn ein Küken zur Welt kommt, ist sein Gehirn etwas kleiner als eine Haselnuss. Es wiegt nur wenige Gramm, ist aber bereits gespickt mit Informationen und Instinkten, die dafür sorgen, dass der kleine Vogel zurechtkommt, Futter und Wasser findet und ohne eine Mama, die ihn unterstützt, selbstständig sein Leben meistert. Wie wir in vorangegangenen Kapiteln gesehen haben, bringt es durchaus Probleme - vor allem psychischer Art - mit sich, bereits vom Zeitpunkt des Schlüpfens an mutterlos aufzuwachsen, aber es muss einem einfach imponieren, was ein Küken von den ersten Lebensminuten an alles alleine bewerkstelligt. Wie z. B. das Rechnen. Es mag für viele überraschend sein, dass Hühner und sogar kleine Küken rechnen können. Nun geht es dabei zunächst nicht um anspruchsvolle mathematische Operationen, sondern eher um etwas, das man numerisches Denkvermögen nennen kann, um das Unterscheiden von Mengen und um eine Vorstellung davon, was eine Zahl tatsächlich repräsentiert.

Davon abgesehen sind rechnende Tiere an und für sich nichts Neues. Zu Beginn des 20. Jahrhunderts reiste ein Mann namens Wilhelm von Osten in Österreich umher und zeigte sein einzigartiges Pferd, den »Klugen Hans«, vor. Tatsächlich schien dieses recht anspruchsvolle Rechenaufgaben lösen zu können. Als von Osten ihm Aufgaben wie z. B. »5 + 6« stellte, antwortete Hans, indem er elf Mal mit dem Huf scharrte. Gründliche Untersuchungen eines Psychologen ergaben jedoch, dass das Pferd die Antwort mitnichten ausrechnete, sondern stattdessen von Ostens unbewusste Signale ablas. Wenn Hans die richtige Anzahl gescharrt hatte, änderte sich die Körperhaltung seines Besitzers nahezu unmerklich und seine Pupillen weiteten sich leicht auf eine Weise, die nur das Pferd registrierte. Der Kluge Hans rechnete also nicht, zeigte dafür aber eine beinahe übernatürliche Fähigkeit, kleine, unbewusste Signale seines Besitzers wahrzunehmen. Und das ist beinahe genauso imponierend.

Das Beispiel mit dem rechnenden Pferd hatte zur Folge, dass viele Forscher sich lange Zeit scheuten, die mathematischen Talente von Tieren zu erforschen - etwas zu groß erschien das Risiko, sich von der einzigartigen sozialen Fähigkeit der Tiere täuschen zu lassen. Doch heute wissen wir, dass Rechenbegabung in der Tierwelt tatsächlich viel verbreiteter ist, als man lange vermutet hat.

Mehr oder weniger

Der italienische Wissenschaftler Giorgio Vallortigara und seine Forschungsgruppe haben viel Zeit und Energie darauf verwendet zu untersuchen, wie Küken die Welt wahrnehmen. Das numerische Denken findet darin Eingang. In einer Untersuchung zeigte man Küken unterschiedliche Bilder. Bei einem Bild, das fünf Punkte abbildete, gab man ihnen zu fressen, nicht jedoch bei einem Bild daneben, auf dem zehn Punkte zu sehen waren. Im Anschluss durften sie zwischen zwei Bildern wählen, die entweder fünf oder zehn Stück von anderen Dingen als Punkten zeigten. Sie hatten keinerlei Probleme damit, zu verstehen, dass die Anzahl der abgebildeten Gegenstände aussagte, wo das Futter sich befand. Sie erkannten auch, dass die relative Anzahl ausschlaggebend war. Als die Forscher sie stattdessen die Wahl zwischen zehn und zwanzig Punkten treffen ließen, wählten sie die geringere Anzahl. Die Küken hatten mit anderen Worten nicht gelernt, Bilder mit zehn Punkten zu meiden, sondern verstanden, dass sie zu dem Bild gehen sollten, das weniger Symbole abbildete.

Man hatte den Verdacht, dass die Tiere vielleicht auf die Gesamtoberfläche reagierten, anstatt die Anzahl der Symbole darauf zu vergleichen. Zehn Punkte nehmen auf einem Bild natürlich mehr Platz in

Anspruch als fünf, und es könnte ja sein, dass sie eigentlich das lernten – dass das Futter sich auf der kleineren Fläche befindet. Um dies zu prüfen, ließ man die Küken zusätzlich ein Bild, auf dem zehn kleine Punkte zu sehen waren, mit einem anderen, das fünf große Punkte zeigte, vergleichen. Dies änderte nichts am Ergebnis, sie wählten weiterhin das Bild mit der geringeren Anzahl von Punkten. Sie stellten also tatsächlich einen numerischen Vergleich an.

Ein anderes Experiment zeigte, dass Küken ein angeborenes Verständnis von unterschiedlichen Proportionen haben. Man brachte den Kleinen – vier Tage alt – bei, zwischen Bildern mit Punkten in den Proportionen 1:4 und 1:2 zu unterscheiden. Im ersten Fall war ein Viertel der Punkte grün und der Rest rot, im zweiten war es jeweils die Hälfte. Die Tiere bekamen nur dann Futter, wenn sie zum Bild mit der Verteilung 1:4 gingen. Dann testete man die Küken mit neuen Bildern, auf denen die Proportionen dieselben blieben, die Anzahl der Punkte und ihre Anordnung aber variierte. Sie wählten weiterhin die Bilder, die die richtige Verhältnismäßigkeit aufwiesen.

Diese recht anspruchsvollen Schätzungen und Berechnungen finden also gänzlich ohne Wissenserwerb statt. Das Küken versteht den Zusammenhang unmittelbar, wenn es aus dem Ei geschlüpft ist. Sein kleines Gehirn hat einen einprogrammierten Sinn für Dinge wie Anzahl, Proportionen und numerische Vergleiche. Und das gilt natürlich für jedes einzelne der beinahe 100 Millionen Küken, die pro Jahr innerhalb der schwedischen Küken- und Eierindustrie schlüpfen. Sogar die sieben bis acht Millionen Tiere, die wenige Stunden nach dem Schlüpfen getötet werden, weil sie zufällig Hähne und nicht Hühner geworden sind, begreifen instinktiv eine ganze Menge mathematische Zusammenhänge um sie herum. So viele sie eben aufnehmen können, ehe sie in der Kohlendioxidkammer landen.

Mathematisch denken

Aber können wir etwas darüber sagen, wie sie denken, wenn sie rechnen? Küken verfügen ja bekanntermaßen über keine für uns verständliche Sprache. Wenn wir Menschen an eine unterschiedliche Anzahl von etwas denken, verwenden wir Rechenwörter, aber was macht ein Küken? Vallortigaras Forschergruppe fand eine erstaunliche Eigenschaft in unserem eigenen numerischen Denken: Nahezu alle Menschen auf der Welt tendieren dazu, ansteigende Zahlen im Kopf von links nach rechts zu ordnen. Denkt man sich eine Zahlenreihe, z. B. von eins bis zehn, erscheinen die unterschiedlichen Zahlen vor unserem inneren Auge gleichsam entlang einer imaginären Linie aufgereiht, auf der die niedrigeren Zahlen links stehen. Die Eins ist auf der Linie ganz links angesiedelt und die Fünf steht etwas weiter rechts, aber links von der Acht. Auch wenn sich dies durch unterschiedliche Erfahrungen bei uns Menschen vielleicht verändern mag, scheint es sich dabei doch um unsere spontane Denkweise bezüglich unterschiedlicher Größen zu handeln. Menschen in Kulturen, die von rechts nach links schreiben, drehen die gedachte Linie oft um, wenn sie lernen zu schreiben, doch ohne entsprechende Einflussnahme laufen die Zahlen normalerweise immer von links nach rechts.

Die Forscher überlegten sich ein Experiment, um zu sehen, ob Küken auf dieselbe Weise denken. Sie brachten den Vögeln bei, Futter hinter einem kleinen Bild mit fünf Punkten darauf zu finden. Als sie diese einfache Aufgabe bewältigt hatten, sollten sie zwischen zwei unterschiedlichen Bildern wählen, das eine stand links und das andere rechts. Beide Bilder zeigten gleich viele Punkte, doch ihre Anzahl unterschied sich von den fünf, mit denen sie geübt hatten. In einer Variante waren auf beiden Bildern zwei Punkte, also weniger, als sie zuvor gesehen hatten. In der anderen Variante enthielten die Bilder je acht Punkte. Obwohl die beiden Bilder identisch waren, entschieden sich die Küken dafür, hinter dem linken Bild nach Futter zu suchen, sofern dieses weniger Punkte aufwies, als ihnen beigebracht worden war, und hinter dem rechten, wenn es mehr als fünf Punkte zeigte. Das Ergebnis verdeutlicht, dass Küken scheinbar ein ähnliches Bild von Größenverhältnissen haben: Kleinere Zahlen sind nach links und größere nach rechts ausgerichtet. Ihr numerisches Denken ist also dem unseren recht ähnlich.

Addition und Subtraktion

Auch wenn es ganz unglaublich erscheint, so haben die frisch geschlüpften Küken sogar eine gewisse Fähigkeit, Zahlen zusammenzuzählen und voneinander abzuziehen. Die Forscher ließen frisch geschlüpfte Küken dabei zusehen, als man unterschiedliche Mengen verschiedener Gegenstände in kleinen Dosen versteckte. Die Gegenstände wurden nacheinander hineingelegt, z. B. drei in die eine Dose und zwei in die andere. Dann beobachtete man, zu welcher Dose die Küken vorzugsweise gingen. Das Ergebnis war, dass sie beinahe immer zu der Dose mit den meisten Gegenständen darin gingen. Sie mussten also die Anzahl der Gegenstände im Kopf addiert und sich die Zwischenergebnisse gemerkt haben, bis sie die Dosen selbst untersuchen durften. Genauso reagierten sie, wenn sie sahen, dass die Forscher einen Gegenstand nach dem anderen aus zwei unterschiedlichen Dosen entnahmen. Dann entschieden sie sich, zu der Dose zu gehen, aus der die geringste Anzahl entnommen worden war.

Küken gesellen sich damit zu einer immer größer werdenden Gruppe von Tieren, die erwiesenermaßen zu deutlich umfangreicherem mathematischem Denken in der Lage sind, als man früher für möglich gehalten hätte. Hunde können recht anspruchsvolle numerische Vergleiche anstellen und zumindest einfache Addition und Subtraktion bewältigen. Alles deutet darauf hin, dass Pferde das tatsächlich ebenfalls recht gut können, auch wenn der Kluge Hans »geschummelt« hat. Ein anderer Vogel als das Huhn hat uns noch mehr Aufschluss über das Zahlendenken von Tieren gegeben. Die amerikanische Psychologin Irene Pepperberg beobachtete viele Jahre lang einen Papageien namens Alex. Er hatte im Vergleich mit einem Küken einen großen Vorteil: Er konnte nämlich sprechen. Nicht nur, dass er unterschiedliche Laute nachahmen konnte, wie viele Papageien es tun, Alex kommunizierte tatsächlich in korrektem Englisch. In einem der letzten Experimente, das Pepperberg durchführte, konnte Alex das korrekte Ergebnis verschiedener einfacher Additionen angeben. Wenn man ihm zeigte, dass eine Dose drei Nüsse enthielt und eine andere zwei, und ihn anschließend fragte, wie viele Nüsse das zusammen waren, sagte er »fünf« (wenn auch natürlich auf Englisch).

Alex konnte Zahlen sogar auf beinahe menschliche Weise anwenden. Er wusste seit früheren Experimenten, dass eine aus Holz ausgesägte Zahl, z. B. eine Drei, drei Gegenstände symbolisierte, z. B. drei Nüsse. Nun zeigte man ihm zuerst die Zahl Drei, dann die Zahl Vier und fragte erneut, wie viel das zusammen ergab. In deutlichem Englisch antwortete Alex: »Sieben.«

Alex hat uns gezeigt, wie erschreckend menschenähnlich ein kleines Vogelhirn denken kann. Pepperberg zeigte ihm z. B. ein Tablett mit drei roten und fünf blauen Holzblöcken. Dann fragte sie: »Von welcher Farbe sind es fünf?« Alex antwortete, ohne zu zögern: »Blau.«

Pepperberg verbrachte viele Jahre in intensiver Zusammenarbeit mit ihrem Forschungsobjekt. Alex wurde 32 Jahre alt. Nach einem Arbeitstag mit verschiedenen Experimenten ging Alex im Oktober 2007 in seinen Käfig im Laboratorium, wandte sich zu Pepperberg um und sagte: »Pass auf dich auf. Ich habe dich lieb. Bis morgen.« In dieser Nacht hörte sein altersschwaches Herz auf zu schlagen und am Morgen lag er tot in seinem Käfig. Alex wurde als bisher einziges Tier mit einem ganzseitigen Nachruf in der hoch angesehenen Zeitschrift *Nature* geehrt.

09.

UNTER DER OBERFLÄCHE

»Die neuere Forschung hat überzeugend nachgewiesen, dass Fische tatsächlich Empfindungen, Gefühle und Gedanken haben, die sich im Grunde nicht von dem unterscheiden, was wir bei Vögeln oder Säugetieren sehen.«

RICHTIGE TIERE?

MIT UNSERER SICHT auf Fische ist es schon komisch. Im Laufe der Geschichte haben viele Menschen beharrlich eine scharfe Trennlinie zwischen Fisch und »richtigem Fleisch« gezogen. Während der christlichen Fastenzeit ist es beispielsweise üblich, auf alles Fleisch zu verzichten und rein vegetarisch zu essen - doch Fisch bleibt erlaubt.

Auf diesen Ansatz stößt man nicht nur in verschiedenen religiösen Zusammenhängen. Ganz gleich, ob religiös oder säkular, gibt es unter Vegetariern eine ganze Reihe unterschiedlicher Ausrichtungen, von denen eine darauf basiert, dass es in Ordnung ist, Fisch zu essen, solange man auf Fleisch von Säugetieren und Vögeln verzichtet. Was ist der Hintergrund, vor dem so viele der Meinung zu sein scheinen, dass Fische keine »richtigen Tiere« sind? Vermutlich rührt diese Auffassung daher, dass Menschen sich im Allgemeinen nicht darüber im Klaren sind, um welch kognitiv weit entwickelte Lebewesen es sich bei ihnen handelt. Man könnte geneigt sein zu glauben, dass sie gefühllose, gedankenleere Roboter sind, die, gut verborgen vor uns an Land lebenden Säugetieren, im Wasser herumschwimmen. Vielleicht denkt man deshalb, es sei nicht so schlimm, wenn wir sie mit Haken oder Netzen fangen und langsam am Ufer ersticken lassen. Doch der Unterschied zwischen Fischen und den Tieren, die wir normalerweise als vollwertige Lebewesen erachten, ist tatsächlich gar nicht so groß.

Was ist ein Fisch?

Fische stellen vielleicht die am meisten missverstandene Gruppe von Tieren weltweit dar. Nicht nur, dass wir uns schwertun, sie zu verstehen, weil ihnen jegliche Gesichtsmimik fehlt, die Säugetiere benutzen, um Gefühle und Empfindungen zu signalisieren. Außerdem werfen wir meist alle zusammen in einen Topf, als ob sie eine einzige homogene Gruppe wären: »Fische«. Das ist natürlich komplett irreführend.

Tatsächlich gibt es keine einheitliche zoologische Systematik, unter die man Fische fassen kann. Doch grob definiert meinen wir damit üblicherweise alle im Wasser lebenden Tiere, die keine Extremitäten (Arme oder Beine) haben und ihr Leben lang mithilfe von Kiemen atmen. Man schätzt die volle Anzahl von Arten, die in dieser Hinsicht zu den Fischen gezählt werden können, auf weit über 30.000. Das ist sehr viel mehr als die Hälfte aller bekannten Wirbeltierspezies auf der Erde. Beispielsweise schätzt man, dass es zwischen 5.000 und 6.000 Säugetierarten gibt, also etwa ein Siebtel der Anzahl an Fischen. Ungefähr die Hälfte der Fische ist im Meer zu finden, die übrigen in Süß- und Brackwasser.

Jede Art verfügt über ihre eigene Biologie und einzigartige Verhaltensweise. Ein Teil lebt in großen Schwärmen und ist völlig auf den nahen Kontakt mit Artgenossen angewiesen. Andere schwimmen für sich in kleinen oder auch großen Revieren. Einige sind effiziente Raubtiere, die sich von Lebewesen ernähren, die kleiner sind als sie, andere fressen Pflanzen oder Plankton. Das Leben mancher Fische ist eng mit verschiedenen Organismen wie Korallen oder Algen verwoben, andere wiederum sind selbst Wirte für unzählige andere Tiere und Pflanzen, die ihrerseits an sie gebunden sind.

Einige legen ihre Eier im Wasser ab und überlassen ihre Brut weitestgehend sich selbst, während andere Nester bauen, sich um ihre Nachkommen kümmern und sie, ebenso wie auch viele Säugetiere, innig umsorgen. Bei manchen sind es die Weibchen, die für die Kinderstube zuständig sind, bei anderen die Männchen.

→

Fische reagieren ähnlich wie alle anderen Tiere, wenn sie Angst oder Schmerzen haben. Ihr Seelenleben unterscheidet sich nicht allzu sehr von dem der Landtiere.

Kurz gesagt ist die Vielfalt unterschiedlicher Fischarten hinsichtlich Verhalten und Lebensweise mindestens genauso groß wie die der Säugetiere. Niemand würde wohl auf den Gedanken kommen, Elefanten, Elche, Füchse und Haselmäuse zu behandeln, als wenn sie zur selben Tierart gehörten. Dennoch begegnet man dieser Haltung oft, wenn es um Fische geht. Die Tierschutzgesetze beinhalten einen eigenen Bereich, der die Regeln für die Zucht von »Fisch« beschreibt, aber nicht ausreichend berücksichtigt, dass die Bedürfnisse und das Verhalten einer Scholle sich radikal von denen einer Forelle unterscheiden. Auch wenn in den Gesetzen darauf hingewiesen wird, dass jede Art entsprechend ihrer besonderen Bedürfnisse behandelt werden soll, ist das Regelwerk für alle dasselbe. Würden wir uns mit einem Tierschutzgesetz anfreunden können, das nicht zwischen Schweinen und Kühen unterscheidet? Wohl kaum. Doch in derart grobe Verallgemeinerungen müssen Fische sich häufig fügen. Und sie müssen es hinnehmen, dass ihnen grundlegende Gefühle wie Schmerz, Angst oder Freude abgesprochen werden.

Haben Fische ein Bewusstsein?

Philosophen und Gehirnforscher haben lange und intensiv über die Natur des Bewusstseins nachgedacht. Darauf bin ich bereits in einem früheren Kapitel eingegangen, doch im Hinblick auf Fische wird diese Frage auf die Spitze getrieben: Ist es wirklich möglich, dass ein Tier, dessen Gehirn eben jene Rinde fehlt, in der unser logisches Denken entsteht, überhaupt etwas empfinden kann? Vielleicht können Fische nur mithilfe von Reflexen und einfachen Instinkten reagieren, ohne subjektive Wahrnehmungen und Gefühle. Manche haben behauptet, dass sich das subjektive Bewusstsein von dem Zeitpunkt an entwickelte, als die ersten Wirbeltiere an Land kamen. Frösche, Reptilien und Vögel haben laut dieser Sichtweise ein Bewusstsein, während es Fischen fehlt.

Es ist ein eigenartiger Gedanke, dass Bewusstsein aus dem Nichts heraus zu einem festgelegten Zeitpunkt in der Entwicklung des Lebens entstanden sein soll. Diese Auffassung gründet sich darauf, dass die Gehirne der an Land lebenden Wirbeltiere etwas komplexer als die der Fische sind. Doch die Forschung hat in den vergangenen Jahren überzeugend nachgewiesen, dass Fische tatsächlich Empfindungen, Gefühle und Gedanken haben, die sich im Grunde nicht von dem unterscheiden, was wir bei Vögeln oder Säugetieren beobachten.

Der Großteil der Forschung, die auf diesem Gebiet betrieben wird, hat diejenigen Fische zum Thema, die wir essen. Das ist vermutlich nicht so ungewöhnlich, weil Menschen auf der ganzen Welt Fisch in enormen Mengen züchten (»anbauen«) und ihr Wohlergehen gleichzeitig viele mit Sorge erfüllt. Wie stellt sich das Leben eigentlich in einem typischen Netzgehege dar, in dem norwegische Lachse dicht zusammengedrängt und mit sehr wenig, was an eine natürliche Umgebung erinnert, ihr Dasein fristen? Auf diese Art züchten die Norweger jährlich mehr als eine Million Tonnen Lachs.

Doch obwohl die Forschung sich auf Lachs, Forelle und einige andere Arten konzentriert, dürfen wir den unerhörten Reichtum an Vielfalt, den diese Gruppe von Tieren in sich birgt, nicht vergessen. Der Unterschied zwischen den kognitiven Eigenschaften eines Hais und denen eines Lachses kann ja mindestens so groß sein wie der zwischen einem Igel und einem Schimpansen.

Schmerz versus Instinkt

Ich habe viele Sportfischer getroffen, die in dem Glauben leben, dass Fische keinen Schmerz empfinden. Ein übliches Argument ist, dass Forellen und Hechte häufig an den Haken gehen, obwohl sie sich gerade erst von einem anderen Haken losgerissen haben. Wenn es wehgetan hätte, den Haken am Maul zu haben, würden sie doch vermeiden, gleich wieder danach zu schnappen.

Der mythische alte Hecht, der mit dem Maul voller Fischköder, die er von der Leine gerissen hat, aus dem See gezogen wird, trägt zur Mär von den gefühllosen Fischen zusätzlich bei. Warum sollte er Mal um

Mal zubeißen, wenn er den durch den Haken ausgelösten Schmerz spüren könnte?

Diese Art der Argumentation übersieht, wie die Instinkte von Fischen funktionieren. Wenn sie in einen Köder beißen, ist dies nicht das Resultat einer aktiven gedanklichen Leistung. Die Sportfischer haben sich größte Mühe gegeben, ihre Lockköder ganz und gar unwiderstehlich zu machen. Wenn der Fisch zuschnappt, reagiert er ganz einfach auf das, was man Schlüsselreize nennt, Signale also, die unmittelbar eine instinktive Verhaltensweise auslösen. Die Köder sind so gestaltet, dass sie ihre Schlüsselreize maximieren - sie blinken, bewegen sich und haben eine Farbe, die direkt und ganz reflexhaft den Jagdtrieb der Fische in Gang setzt. Egal wie groß ihre Schmerzen sind, sie können es nicht lassen, auf die einladenden Fischköder zu reagieren.

Doch Forscher, die das Schmerzempfinden von Fischen untersucht haben, hegen keinen Zweifel. Natürlich haben sie Schmerzen. Man hat festgestellt, dass Fische mit denselben Typen von schmerzregistrierenden Sinnesorganen und Nervenzellen ausgestattet sind wie wir Säugetiere. Der Fachbegriff für Schmerzen lautet »Nozizeption«, und sogenannte nozizeptive Nerven sind über den gesamten Fischkörper sowie in Maul und Kiemen aller Arten verteilt, die untersucht wurden. Dies deutet darauf hin, dass sie schmerzhafte Ereignisse registrieren und dass diese, ebenso wie bei uns, ins Gehirn weitergeleitet werden. Sie reagieren auf alle möglichen Typen von Schmerz, unabhängig davon, ob dieser durch mechanischen Druck, Schnittwunden, chemische Stimulation oder Wärme ausgelöst wird.

Britische Forscher haben untersucht, wie das Verhalten von Fischen durch Schmerz beeinflusst wird. Sie injizierten unter Narkose geringe Dosen von Essigsäure oder Bienengift in die Lippen von Regenbogenforellen (manchmal auch Lachsforellen genannt) und verfolgten deren Verhalten, wenn sie wieder aufwachten. Die Regenbogenforellen zeigten alle Anzeichen, dass sie Schmerzen litten. Sie wanden sich hin und her, hielten sich nahe am Boden und scharrten unablässig mit ihrem

Maul den Kies entlang, als ob sie sich des Schmerzes entledigen wollten. Verglichen mit anderen Regenbogenforellen, die nur etwas Salzlösung injiziert bekommen hatten (diese ist nicht spürbar), dauerte es mehr als doppelt so lange, ehe sie wieder zu fressen begannen.

Der ängstliche Fisch

Es ist schwer zu begreifen, warum jemand glauben sollte, dass Fische keine Angst haben können. Dennoch stößt man häufig auf diese Ansicht. Doch Fische reagieren ungefähr genauso wie ein beliebiges anderes Tier in Situationen, die als furchteinflößend erlebt werden können. Hält man Regenbogenforellen in einem Aquarium und platziert einen neuen und unbekannten Gegenstand auf dessen Boden, verhalten sie sich sichtlich ängstlich. Sie vermeiden den Teil des Aquariums, in dem der Gegenstand liegt, benehmen sich aufgeregt und tun, was sie können, um nahen Kontakt damit zu vermeiden. Im Grunde ist dies dieselbe Reaktion, die die meisten an Land lebenden Säugetiere Dingen gegenüber zeigen, die sie nicht kennen.

Die britischen Forscher, von denen wir bereits gelesen haben, untersuchten auch, wie Schmerz die Angstreaktionen von Regenbogenforellen beeinflusst. Man injizierte erneut unangenehme Substanzen in die Lippe der Fische – erstaunlicherweise verloren sie in diesem Moment die Angst vor neuen Gegenständen. Es scheint, dass der Schmerz die Angst sozusagen übertönt, denn wenn die Forscher den Regenbogenforellen ein schmerzstillendes Mittel verabreichten, fingen sie erneut an, den unbekannten Gegenstand zu meiden. Möglicherweise ist dies auch eine weitere Ursache dafür, dass Fische manchmal mehrmals hintereinander nach ein und demselben Haken schnappen. Wenn es nach dem ersten Zuschnappen im Maul wehtut, übertönt das ihre Angst, während ihr Interesse an den blinkenden Ködern der Sportfischer wieder stärker wird.

Andere Forscher untersuchten die Angst der Fische, indem sie ihnen beibrachten, dass einem unbehaglichen Moment immer ein Lichtsignal vorausgeht. Sie blinkten mit einer Lampe und jagten die Fische anschließend eine Weile mit einem Netz. Nach mehreren solcher Erfahrungen reichte es, mit der Lampe zu blinken, damit die Fische aufgeregt wurden, schnell hin und her schwammen und sogar versuchten, aus dem Becken zu hüpfen. Eine ganze Woche später reagierten sie immer noch ebenso stark auf das Licht. Das Ergebnis zeigt also nicht nur, dass Fische mit Angst reagieren, wenn sie glauben, dass unangenehme Dinge geschehen werden, sondern auch, dass sie ein gutes Gedächtnis haben.

Mit unterschiedlichen Arten von Fischen wurden eine ganze Reihe von Studien durchgeführt, und die Schlussfolgerungen, die daraus gezogen werden können, sind eindeutig: Fische lernen schnell, unangenehmen Orten und Gegenständen aus dem Weg zu gehen. Die Erinnerung an unangenehme Erlebnisse sitzt tief. Und ebenso wie bei sozialen Säugetieren wie z. B. uns selbst wird ihre Angst durch Gesellschaft gelindert. Schwimmen mehrere Fische zusammen in einem Becken, suchen die verängstigten Tiere rasch Schutz bei ihren Artgenossen. Sie scheinen tatsächlich einen gewissen Trost in der Nähe zueinander zu finden.

Stress unter Wasser

Stress ist eine der grundlegendsten Reaktionen im gesamten Tierreich, daher ist es wohl kaum eine Überraschung, dass auch Fische gestresst sein können. Sie reagieren auf dieselbe Weise wie an Land lebende Tiere, wenn sie bedroht werden. Ihr Puls steigt und Stresshormone wie Cortisol und Adrenalin werden ausgeschüttet. Stress kann durch viele unterschiedliche Dinge wie z. B. ein zu enges Becken, eine zu hohe Temperatur oder einen nicht optimalen Salzgehalt des Wassers ausgelöst werden.

Fische atmen natürlich nicht so wie wir, stattdessen pumpen sie sauerstoffreiches Wasser durch ihre Kiemen. Wenn die Kiemenbewegungen zunehmen, ist dies ein sicheres Zeichen dafür, dass ein Fisch gestresst ist. Es ist dieselbe Reaktion, wie wenn wir in einer erregten Situation schneller atmen. Die Kiemendeckel bewegen sich normalerweise ruhig und gleichmäßig, aber wenn ein Fisch gestresst ist, flattern sie intensiv, um die Sauerstoffzufuhr zum Blut zu steigern.

Auch seine Farbe kann darüber Aufschluss geben, ob ein Fisch gestresst ist. Säugetiere und Vögel haben Pigmente in Haut, Federn und Pelz, deren Farbe sich nur dann langsam und nach und nach ändert, wenn das Federkleid oder die Behaarung ausgetauscht wird. Doch die Farbe der Fische entsteht auf eine andere Weise. Sie haben besondere Farbzellen in der Haut, die sogenannten Chromatophoren. Diese enthalten Pigmente, die durch Nervensignale rasch umverteilt werden können. Ist ein Fisch gestresst, reagiert er darauf oft, indem er die Pigmente zusammenzieht, was dafür sorgt, dass sein ganzer Körper erbleicht – auch wenn er eben noch farbenfroh geschimmert hat. Gleichzeitig zieht es Fische in Stresssituationen oft in Richtung Grund. Ein still daliegender, bleicher Fisch auf dem Kieselboden des Beckens ist also ein sicheres Zeichen für Stress.

Bei bestimmten Fischen kann man feststellen, wie stressempfindlich ein Tier ist, indem man sich einfach nur seine Farbgebung ansieht. Sowohl die Regenbogenforelle als auch der Lachs haben schöne, flächig über den ganzen Körper verteilte kleine dunkle Flecken, die ihnen das gemusterte Aussehen verleihen, das für diese Arten charakteristisch ist. Aber nicht alle Tiere sehen identisch aus. Bei manchen sind große Mengen kleiner Flecken gleichmäßig über die Flanken des Körpers verteilt, andere haben weniger und etwas größere Flecken, vor allem auf dem Rücken. Eine Gruppe norwegischer Forscher untersuchte, wie Lachse darauf reagieren, wenn sie eine halbe Stunde allein in einer kleinen Plastikwanne verbringen sollen. Das Ergebnis zeigte, dass Fische mit wenigen Pigmentflecken generell stärker reagierten. Sie wiesen einen erhöhten Wert des Stresshormons Cortisol auf, und nachdem sie herausgelassen worden waren, schwammen sie beinahe doppelt so lange aufgeregt umher wie die Fische mit vielen Flecken.

Guck mal, was ich kann

Die Fähigkeit, Neues zu lernen, ist ein grundlegender Aspekt dessen, was wir Bewusstsein nennen. Dies gilt für alle Tiere. Vögel und Säugetiere können selbstverständlich neue Informationen aufnehmen und ihr Verhalten in Anbetracht dessen, was sie gelernt haben, verändern, wie wir bereits an vielen Stellen gesehen haben. Doch können Fische Neues lernen, oder werden sie schlicht von Reflexen und Instinkten angetrieben?

Erinnern Sie sich noch an das Experiment mit der Lampe? Es beweist eindeutig, dass sie lernen können. So, wie sie ein Lichtsignal mit einer unangenehmen Erfahrung in Verbindung bringen können und im Anschluss den Ort des Geschehens meiden, sobald sie das Signal erneut sehen, können sie es auch mit positiven Erlebnissen verknüpfen. Norwegische Forscher, die Lachse beobachteten, benutzten eine blinkende Lampe, um Futter anzukündigen. Dann untersuchten sie, wie die Fische sich in dem Zeitraum verhielten, nachdem die Lampe begonnen hatte zu blinken und ehe sie das Futter bekamen.

Sobald die Lachse das Licht mit der bevorstehenden Mahlzeit in Verbindung gebracht hatten, reichten nur ein paar Blinkzeichen aus, damit sie enorm aufgeregt wurden. Sie schwammen hektisch im Becken umher und hielten sich so viel wie möglich in der Nähe des Ortes auf, wo sie das Futter erwarteten. Dies ist ein typisches Beispiel für die positive Erwartung, die üblicherweise als Zeichen dafür gedeutet wird, dass die Tiere eine Form von Freude erleben. Es steht noch viel Forschung zum Seelenleben von Fischen aus, aber es scheint glaubwürdig, dass sie nicht nur Stress, Schmerz und Angst, sondern auch Glück empfinden können.

Doch viele Fische können auch anspruchsvollere Dinge lernen, und sogar voneinander. So finden Guppys den Weg durch ein Labyrinth, nachdem sie zuvor andere Fische dabei beobachtet hatten, wie diese das Problem lösten. Bei zahlreichen Arten hat man erkannt, dass Fische, die sich gemeinsam auf Nahrungssuche begeben, besser darin sind, Futter zu finden, weil sie einander beobachten und voneinander lernen. Kampffischmännchen, die einen Kampf zwischen anderen Tieren beobachten, lernen zudem schnell zu beurteilen, welcher von ihnen am stärksten ist. Wenn sie dann selbst an der Reihe sind, passen sie ihr Verhalten den Informationen an, die sie gesammelt haben. Wer zuvor etwas schwächer gewirkt hat, muss dann damit rechnen, angegriffen zu werden, während der Gewinner des vorangegangenen Kampfes weiterem Gerangel entgeht. Eine ganze Reihe Untersuchungen hat außerdem gezeigt, dass Fische unterschiedlicher Arten lernen, Raubtieren zu entgehen, indem sie einander nachahmen und auf die Angstreaktionen der jeweils anderen achten.

Rechnende Fische

In einem früheren Kapitel haben wir gesehen, dass Küken ein angeborenes mathematisches Verständnis haben und recht komplizierte numerische Vergleiche anstellen können. Können Fische etwas Ähnliches bewerkstelligen?

Eine Gruppe italienischer Forscher untersuchte dies mithilfe von Guppys. Sie machten sich dabei eine Besonderheit dieser Fische zunutze, nämlich, dass sie gerne im Schwarm zusammenbleiben. Je größer dieser ist, desto wohler fühlen sie sich. Setzt man einen einzelnen Guppy in ein Aquarium, in dem sich zu beiden Seiten, jeweils durch eine Glasscheibe getrennt, zwei unterschiedlich große Schwärme befinden, wird er zum größeren der beiden schwimmen und sich in dessen Nähe halten.

Deshalb testeten die Forscher nun, wie gut die Guppys darin waren, den Unterschied zwischen Schwärmen unterschiedlicher Größe zu erkennen. Sie sollten z. B. zwischen zwei und vier Fischen wählen oder zwischen sechs und acht. Es zeigte sich, dass die Fische zwei unterschiedliche Systeme für diese numerische Schätzung anwendeten. War die Anzahl, die sie schätzen sollten, kleiner als fünf (z. B. ein Fisch

versus vier oder zwei versus drei), zählten sie einfach, wie viele sie sahen, und wählten entsprechend den größeren Schwarm. Weil sie ihre Einschätzung mithilfe von exakten Berechnungen trafen, war es für sie ebenso einfach, Schwärme mit einem, zwei oder drei Fischen von Schwärmen mit vier Fischen zu unterscheiden.

Wenn die Gesamtanzahl fünf überschritt, gingen sie zu einer Art schneller Überschlagsrechnung über. Dann wurde es plötzlich schwieriger, zwischen Schwärmen zu unterscheiden, die in ihrer Anzahl nur geringfügig voneinander abwichen. Wenn sie beispielsweise zwischen sechs und acht Fischen unterscheiden sollten, taten sie sich mit ihrer Wahl schwer, weil die Überschlagsmethode nicht ebenso exakt ist wie das Zählen jedes einzelnen Fisches. Dennoch entspricht die Proportion dem Unterschied zwischen Schwarmgrößen von drei oder vier Tieren, die sie mit Leichtigkeit bewältigten.

Wie gut ist also das numerische Verständnis der Guppys? Zum Vergleich führten die Forscher eine ganz ähnliche Studie mit Menschen durch. Man bediente sich Studenten und ließ sie zwischen unterschiedlichen Mengen von Punkten auf einem Computerbildschirm unterscheiden. Die Aufgabe entsprach genau der, vor die die Fische gestellt worden waren: einzuschätzen, welche Menge größer war. Das Ergebnis zeigte zunächst einmal, dass die Studenten für ihre Einschätzungen dieselben Methoden wie die Guppys verwendeten. Wenn sie Mengen verglichen, die kleiner als fünf waren, zählten sie einfach die Punkte und konnten problemlos zwischen allen Kombinationen unterscheiden, und wenn die Anzahl an Punkten größer wurde, gingen sie zur Überschlagsrechnung über.

←

Fische haben verschiedene Arten, sich auszudrücken. Viele haben ein reiches Repertoire an Lauten, die nur unter Wasser hörbar sind.

Zum Zweiten zeigten die Ergebnisse, dass das numerische Verständnis der Fische fast ebenso gut war wie das der Studenten. Es lässt sich nicht leugnen, dass dies eine unerwartete und imponierende Leistung für einen Fisch mit einem Gehirn von der Größe weniger Reiskörner ist.

Der Fisch – ein Individuum

Wenn Naturdokumentationen riesige Fischschwärme zeigen, die sich geordnet und blitzschnell bewegen, als ob sie ein einziges Individuum wären, ist es schwer vorstellbar, dass es in der Welt der Fische Raum für größere individuelle Unterschiede geben kann. Doch die Forschung hat bewiesen: Ebenso wie Vögel und Säugetiere unterscheiden sich die einzelnen Tiere in vielerlei Hinsicht.

Ihre Art, sich zu benehmen und zu reagieren, ist häufig so unterschiedlich, dass man durchaus von unterschiedlichen Persönlichkeiten sprechen kann.

Wir haben bereits in einem früheren Kapitel Bekanntschaft mit dem Persönlichkeitsphänomen bei Tieren gemacht. Dort haben wir gesehen, dass es beispielsweise Kühe gibt, die introvertierter als andere sind, Schweine, die neugierig, und Hühner, die tolerant gegenüber Fremden sind. Dass Tiere derselben Art unterschiedliche Persönlichkeiten haben, scheint mehr die Regel als die Ausnahme zu sein. Aber wie ist das bei den Fischen?

Verschiedene Untersuchungen zeigen, dass man die Tiere in den meisten Fällen in zwei Hauptkategorien unterteilen kann. Manche sind handlungsstark und extrovertiert, während andere zurückhaltender sind und mehr beobachten. Man nennt diese beiden Persönlichkeitstypen proaktiv bzw. reaktiv. Aber wie stabil sind die Unterschiede zwischen einzelnen Tieren? Dies war die Fragestellung in einer italienischen Untersuchung, im Rahmen derer man die Goldbrasse, auch Dorade genannt, beobachtete. Diese Art ist in nördlichen Gefilden nicht so bekannt, doch tatsächlich handelt es sich bei ihr um den zweitwichtigsten Zuchtfisch in Europa.

Die Forscher unterzogen die Fische einer Reihe verschiedener Verhaltenstests und untersuchten zum einen, wie stabil die Reaktionen der einzelnen Tiere waren, wenn man sie über einen Zeitraum von zwei Wochen begleitete. Zum anderen wollte man wissen, wie ähnlich die Fische in den verschiedenen Tests reagierten. Die Forscher stellten fest, dass die Risikofreude, also etwa das Wagnis, in einem gefährlichen Teil des Aquariums zu schwimmen, und die Tendenz zu fliehen, wenn man sie festhält, bei Goldbrassen durchaus stabil ist. Manche Fische gingen deutlich größere Risiken ein, andere waren geneigter zu fliehen, wenn Gefangenschaft drohte, und dieser Unterschied hatte über den ganzen Beobachtungszeitraum hinweg Bestand. Man fand zudem heraus, dass Fische, die von einem plötzlichen Umgebungswechsel stärker beeinträchtigt waren als andere, sich auch geneigter zeigten, einer Gefangennahme zu entfliehen. Kurz gesagt: Die Unterschiede zwischen den Persönlichkeiten einzelner Fische waren ebenso ausgeprägt wie bei x-beliebigen Landtieren.

Fische verstehen

Es ist an der Zeit, den Mythos von den gefühlskalten Fischen zu entkräften. Ihre Gesichter zeigen natürlich nichts von dem Schmerz, den sie empfinden, wenn der Haken in ihrem Rachen hängen bleibt, und über der Wasseroberfläche hören wir auch keine Angstschreie. Doch sie haben andere Methoden, sich auszudrücken, und viele von ihnen verfügen über ein großes Repertoire an Lauten, die nur von anderen Fischen im Wasser gehört werden. Die Forschung lernt allmählich mehr und mehr über ihr Seelenleben und jede neue Entdeckung zwingt uns Landratten, unsere Vorstellungen über sie zu revidieren.

Fische sind ganz einfach so wie die meisten anderen Tiere auch. Aber sie leben in einer Unterwasserwelt, die wir noch nicht wirklich verstehen. Wir sollten langsam damit anfangen, es ernsthaft zu versuchen.

10.

TOD IM TOPF

»Je stärker der Zusammenhalt in der Gruppe ist, in der ein Tier lebt, desto größer ist die Wahrscheinlichkeit, dass es trauert, wenn eines ihrer Mitglieder stirbt.«

WAS SOLL MAN NUN ESSEN?

WO IST EIGENTLICH das Huhn geblieben, dessen Schicksal die Einleitung zu diesem Buch geliefert hat? Dem vor meinen geschockten Kinderaugen der Hals umgedreht wurde, und mich ohne Umwege in eine Wirklichkeit katapultiert hat, in der lebendige Hühner vor allen Dingen als noch nicht gekochtes Essen betrachtet werden. Nach so langer Zeit erinnere ich mich nicht mehr daran, doch vermutlich wurde es von meiner Mutter sorgsam im Ofen zubereitet und mit Sauce, gekochten Kartoffeln und vielleicht etwas Johannisbeergelee serviert. Höchstwahrscheinlich genoss die ganze Familie dieses köstliche Mahl.

Man denkt wohl nicht gerne tagtäglich darüber nach, aber es ist wichtig, der Wahrheit ins Auge zu sehen: Das Stück Fleisch auf Ihrem Teller stammt von einem Tier, das jemand getötet hat. Ohne den Tod gibt es kein Fleisch zum Abendessen. Doch ebenso wahr ist, dass die meisten Tiere ohne ein solches Abendessen überhaupt nicht gelebt hätten. Wie krass das auch klingen mag, so gibt es doch nur einen alles andere in den Schatten stellenden Grund dafür, dass Kühe, Schweine und Hühner als Nutztiere gelten: Sie sollen uns mit Nahrung versorgen. Aus diesem Grund domestizierten unsere Vorfahren sie und aus diesem Grund werden sie auch heute noch auf unseren Bauernhöfen aufgezogen.

Wie soll man sich nun zu all dem, was in diesem Buch beschrieben wird, verhalten? Ist es möglich, die Aufzucht und das Töten von fühlenden, denkenden Geschöpfen nur damit zu rechtfertigen, dass wir Fleisch auf dem Tisch haben wollen? Gänzlich auf tierische Produkte zu verzichten, ist beinahe unmöglich. Viele entscheiden sich gegen Fleisch, essen aber gerne Eier und Käse. Doch Eier erfordern natürlich lebendige Hühner, die nach vollbrachter Arbeit geschlachtet werden, und wir bekommen auch keinen Käse ohne Milch. Diese kann nur von einer Kuh produziert werden, die ein Kalb bekommen hat. Was machen wir mit dem Kälbchen?

Natürlich gibt es prinzipienstarke Veganer, die versuchen, alles zu vermeiden, was vom Tier stammt. Verschiedene Untersuchungen liefern leicht schwankende Zahlen dazu, wie viele es sind, alles zwischen 0,5 und 5 bis 6 % der Bevölkerung wurde schon genannt. Doch auch wenn man sich anstrengt, ist die Wahrscheinlichkeit groß, dass man nicht ganz ohne tierische Produkte auskommt. Beispielsweise erlaubt die ökologische Zertifizierung KRAV keinen Einsatz von Kunstdünger. Damit man also seine KRAV-zertifizierte Karotte oder sein ökologisches Weizenmehl kaufen kann, muss der Bauer natürlichen Dünger von Tieren benutzen. Woher soll der kommen, wenn es auf den Höfen keine Kühe, Schweine und Hühner gibt?

Das Wissen um die eigene Sterblichkeit

Was mich betrifft, so ist eine ganz entscheidende Frage die, wie Tiere den Tod empfinden. Wir Menschen leben von frühester Jugend an mit dem Tod, der wie ein Schatten über allem hängt, was wir tun. Wir sind uns unserer Sterblichkeit bewusst. Vielleicht reflektieren wir nicht jeden einzelnen Tag und jede Minute darüber, aber dennoch färbt sie auf unser Leben und unsere Empfindungen ab. Doch woher wissen wir, dass ausgerechnet wir sterben werden?

Die Kenntnis darüber, was uns allen bevorsteht, stammt von einer einzigen Quelle: dem, was uns gesagt wurde. Wagen wir einmal das Gedankenexperiment, dass wir Menschen gänzlich unsere gesprochene wie geschriebene Sprache verloren hätten. Sagen wir, wir könnten unsere unmittelbaren Bedürfnisse und Gefühle - Hunger, Angst, Ärger - mitteilen, aber nicht über abstrakte Dinge sprechen. Keine Sagen, keine fantastischen Erzählungen über erfundene Figuren, keine Geschichten über vergangene Generationen. Keine Zukunftspläne. Wüssten wir also, dass der Tod unausweichlich ist, wenn wir unsere Sprache verloren hätten?

Vermutlich nicht. Wir würden zwar sicherlich den Tod um uns herum wahrnehmen, wenn er andere ereilt, aber warum sollten wir glauben, dass er auch uns selbst als unweigerliches Schicksal bevorsteht? Die einzige Basis für das Wissen über unsere Sterblichkeit besteht in Berichten darüber, dass alle, die jemals gelebt haben, früher oder später gestorben sind.

Aber den Tieren fehlt dieser Teil der Sprache. Sie sind im Jetzt und in der unmittelbaren Vergangenheit gefangen. Ihre Erfahrungen sind zutiefst individuell. Ein Schwein mag erlebt haben, dass andere in der Box gestorben sind, eine Kuh oder ein Huhn hat vielleicht gesehen, wie ein Freund eingefangen und fortgeführt wurde, doch niemand hat ihnen erklärt, dass dieses Schicksal sie alle erwartet.

Tiere sorgen sich um das, was sich im Hier und Jetzt abspielt, und in gewisser Weise auch darum, was sie zu einem früheren Zeitpunkt erlebt haben. Doch sie fürchten die Zukunft - und damit ihren Tod - schlicht nicht, weil sie nichts davon wissen. Daraus kann man die Schlussfolgerung ableiten, dass der Tod selbst nicht relevant für die Lebensqualität von Tieren ist. Es geht vielmehr darum, wie sie leben und was sie bis zu dem Augenblick erleben, in dem ihr Bewusstsein erlischt. Wenn wir ihnen also bis zum Schluss ein gutes Leben mit vollem Respekt vor ihren Bedürfnissen und Gefühlen garantieren können, tue ich mich schwer damit, ein größeres moralisches Problem darin zu sehen, sie auch zu essen. Das Problem ist, dass wir ihnen selten ein gutes Leben und einen angstfreien Tod ermöglichen.

Empfinden Tiere Trauer?

Die Trauer um den Tod einer nahestehenden Person ist ein lähmendes Gefühl. Können Tiere etwas Ähnliches erleben? Dazu gibt es nicht viel systematische Forschung, auf die man sich stützen könnte, doch eine ganze Menge anekdotischer Beobachtungen deutet darauf hin, dass sie das tatsächlich können. Forscher sind sich weitestgehend einig darüber, dass Trauer vor allem mit einer sozialen Lebensweise zusammenhängt.

Je stärker der Zusammenhalt in der Gruppe ist, in der ein Tier lebt, desto größer ist die Wahrscheinlichkeit, dass es trauert, wenn eines ihrer Mitglieder stirbt. Das liegt natürlich an den starken Banden zwischen denjenigen Tieren, die in sozialen Gruppen leben. Wenn sie tagtäglich eng zusammenleben, zusammenarbeiten und Freud und Leid in der Gruppe teilen, ist es nicht so verwunderlich, dass die Trauer abgrundtief ist, wenn der Tag gekommen ist, an dem eines von ihnen dahinscheidet. Doch das beschränkt sich nicht nur auf Gruppen. Sobald zwei Individuen eine starke Bindung zueinander haben, lauert die Trauer wie ein bedrohlicher Schatten stets im Hintergrund. Sie betrifft Tiere, die in langjährigen Paarbeziehungen leben, ebenso wie Eltern und ihre Kinder.

Der amerikanische Ethologe Mark Bekoff hat eine Reihe verschiedener Beobachtungen zusammengetragen, die darauf hindeuten, dass Tiere Trauer empfinden können. Er zitiert u. a. den Nobelpreisträger Konrad Lorenz, der das intensive Trauern einer männlichen Graugans beobachtete, die ihre Partnerin verloren hatte. Gänse leben in dauerhaften Beziehungen, die, wenn man sie beschreibt, einer Ehe am nächsten kommen. Lorenz beschrieb, wie der Witwer in sich zusammenfiel, ganz nach innen gekehrt alleine dalag und buchstäblich den Kopf hängen ließ.

Bekoff hat noch weitere Beispiele in petto. Seelöwenmütter wurden gesichtet, wie sie beim Anblick ihres Kalbes, das gerade von einem Orca getötet wurde, herzzerreißend schrien und ganz offensichtlich massiv litten. Delfine wurden dabei beobachtet, wie sie besinnungslos kämpften, um ihre Kälber zu retten, und Elefanten wachten mehrere Tage lang mit hängendem Kopf und hängenden Ohren neben einem toten Jungtier. Elternlose Elefantenjunge können offenbar zutiefst deprimiert sein und sogar schreiend aus dem Schlaf schrecken, als ob sie unter Albträumen litten.

←

Tiere machen sich keine Gedanken über ihren Tod, doch ihre instinktive Angst vor Gefahr kann das Schlachten zu einer schrecklichen letzten Erfahrung machen.

Eine australische Forschergruppe berichtete von einem Dingo (einer Art verwildertem Haushund, der in Australien lebt), dessen Junges gestorben war. Die Dingohündin weigerte sich, ihren toten Welpen zurückzulassen. Während der zwei Tage, in denen die Forscher das Geschehen filmen konnten, wachte sie an der Seite des Jungen und trug es mit sich, egal wo sie hinging. Die übrigen Jungen des Wurfs schienen ebenso betroffen. Sie hörten auf zu spielen und erweckten den Eindruck, niedergeschlagen zu sein.

Keines dieser Beispiele ist ein ausreichender wissenschaftlicher Beweis dafür, dass Tiere Trauer empfinden können. Man kann sich verschiedene alternative Erklärungen überlegen, z. B., dass sie schlicht nicht verstanden, was vor sich ging, als ein Mitglied der Gruppe sich so benahm, wie sie es nicht kannten. Doch die Indizien sind natürlich stark. Warum sollte das Gefühl der Trauer ganz unvermittelt in der Evolution entstanden sein, und das ausgerechnet und ausschließlich bei unserer eigenen Art? Die plausibelste Deutung der beschriebenen Beobachtungen ist, dass wir die Trauer mit allen Tieren, die die Fähigkeit besitzen, starke Bande zu anderen Individuen zu knüpfen, gemeinsam haben.

Eine groß angelegte britische Umfrage zeigte auch, dass etwa 90 % aller Menschen glauben, dass zumindest einige Tiere Trauer empfinden können. Doch die meisten hegen größere Zweifel, wenn man sie nach Tieren in der Landwirtschaft fragt. Das erscheint vielleicht eigenartig, weil wir wissen, dass Schweine, Kühe und andere Nutztiere unerhört stark darauf reagieren, von ihrer Gruppe getrennt zu werden. Nur wenige Ereignisse führen zu stärkeren Stressreaktionen als die Isolierung von denjenigen, zu denen sie sich zugehörig fühlen. Man darf wohl annehmen, dass die Zweifel der Interviewten Teil psychologischer Schutzmechanismen darstellen: Es ist sicherlich einfacher, ein Kotelett oder Rinderfilet zu essen, wenn wir uns einreden, dass die Gefühle und Empfindungen von Schweinen und Kühen weniger stark entwickelt sind als bei anderen Tieren.

Die Angst vor dem Tod

Dass Tiere Trauer empfinden können, wenn ein geliebter Artgenosse stirbt, bedeutet natürlich nicht automatisch, dass sie auch den eigenen Tod fürchten. Aber es zeigt, dass sie auf die endgültige Trennung reagieren. Und der Grund ist recht offensichtlich: Der Drang zu überleben, zu den lebenden Individuen einer Art zu gehören, ist vermutlich die stärkste Triebkraft der Evolution. Er ist auch die Ursache dafür, dass Tiere stark auf Eindrücke, die mit Gefahr und Tod verknüpft sind, reagieren.

Dasjenige Tier, das die Gefahr fürchtet und alles meidet, was das Risiko in sich birgt, sein Leben zu verkürzen, hat die größte Chance, seine Gene weiterzugeben. Deshalb ist allen Tieren eine ausgeprägte Angst vor allem gemein, was Lebensgefahr signalisiert. Viele Bauern haben miterlebt, dass Tiere, die mit dem Lastwagen auf dem Schlachthof ankommen, sich in der Tür weigern weiterzugehen, und alle Zeichen von Stress und Erregung zeigen. Das hat nichts damit zu tun, dass sie plötzlich erkennen, dass sie sterben werden, sondern ist eine instinktive Reaktion auf die Gerüche und Geräusche, die ihnen begegnen. Die Gerüche künden von Gefahr und die Reaktionen darauf sind angeboren und werden von Generation zu Generation weitervererbt.

Eine französische Forschergruppe hat untersucht, wie Kühe auf unterschiedliche Gerüche reagierten, die mehr oder minder mit Dingen, die es zu meiden galt, verknüpft waren. Die Tiere wurden zunächst ein paar Wochen lang trainiert, geradeaus durch einen langen schmalen Korridor zu gehen, um Futter zu bekommen. Dann beobachtete man ihr Verhalten, wenn man auf der Hälfte der Strecke unterschiedliche Gerüche in den Korridor einleitete. Wenn es nach Blut von anderen Kühen roch, blieben sie unvermittelt stehen. Sie sperrten die Augen auf, witterten und bewegten sich steif und vorsichtig. Ihre Reaktionen waren ähnlich stark, wenn es nach Urin von einer gestressten Kuh roch, während der Geruch einer nicht gestressten Kuh sie nicht im Geringsten beeinträchtigte. Ihre Instinkte lassen Kühe auf Gerüche reagieren, die

Gefahr bedeuten, und das ist eine der Ursachen dafür, dass sie so stark reagieren, wenn sie auf dem Schlachthof ankommen.

Das jahrtausendealte Gedächtnis für Gefahr

Alle Hühner auf der Welt stammen vom Roten Dschungelhuhn ab, das bis heute wild in einigen Gegenden Südostasiens lebt. Es eignet sich gut als Beute, weil es tagsüber auf der Erde bleibt und nicht gut fliegen kann. Deshalb ist es bei wilden Katzen und Hunden in der Gegend begehrt.

Aber es ist tausende Jahre her, dass die Vorfahren unserer heutigen Hühner auf einen Tiger getroffen sind. Die meisten schwedischen Hühner leben seit vielen hundert Generationen ein vergleichsweise ruhiges und sicheres Leben, in dem Menschen ihnen Futter und Schutz in wohnlichen Hühnerställen gewähren. Kann die Angst vor ihren Urfeinden wirklich noch immer einen Platz in den Genen der Hühner haben?

Die schwedischen Forscherinnen Hanne Løvlie und Josefina Zidar haben dies mithilfe einer Gruppe von Zwerghühnern untersucht. Diese Rasse hat die Menschen im ländlichen Schweden bereits lange, bevor die moderne Hühnerzucht Einzug hielt, mit Eiern und Fleisch versorgt. Die Forscherinnen ließen die Hühner frei in einem großen Raum umherstolzieren, picken und nach Futter suchen. Sie verhielten sich schlicht, wie Hühner es meistens tun.

Die Forscherinnen fuhren dann zu einem Zoo, wo sie den Kot von Wildtieren einsammelten, die in denselben Regionen wie die Vorfahren unserer Hühner leben. Elefanten- und Gazellenkot sollte den Geruch ungefährlicher Tiere repräsentieren, während Kot von Tiger und Dhole (einer Art Wildhund) als bedrohlicher Geruch gedacht war. Sowohl Tiger als auch Dhole sind bekannt dafür, dass sie gerne Dschungelhühner fressen, wenn sich die Gelegenheit bietet.

Nun beobachteten sie das Verhalten der Hühner, wenn sie einen Eimer mit den Raubtierexkrementen in eine Ecke des Zimmers stellten. Zum Vergleich wiederholten sie das Ganze mit einem Eimer, der Ausscheidungen der ungefährlichen Pflanzenfresser beinhaltete. Der Effekt ließ nicht auf sich warten. Der Geruch von Tiger oder Wildhund ließ die Hühner nervös und wachsam werden. Sie bewegten sich abwartend und vorsichtig und schränkten ihre Futtersuche stark ein. Je mehr Tigerkot die Forscher in den Eimer gaben, desto ängstlicher wurden die Hühner. Weder die Ausscheidungen der Elefanten noch die der Gazelle zeigten dagegen Wirkung. Es war also offensichtlich der spezielle Geruch der Raubtiere, der sie erschreckte.

Obwohl in den vergangenen 5.000 bis 6.000 Jahren keines unserer Hühner auf einen Tiger getroffen ist, ist die Erinnerung an die Schrecken früherer Generationen genetisch bewahrt. Das Erbe des harten Lebens in den Regenwäldern durchdringt noch immer ihre Gedanken und Gefühle. Das bedeutet nicht, dass sie umhergehen und ständig an den Tod denken, sondern nur, dass sie eine Gefahr erkennen, wenn sie sich zeigt.

Die letzte Reise

Ein weiterer Grund, der zur Angst der Tiere auf dem Schlachthof beiträgt, besteht in all dem, was sie während der Stunden oder Tage ertragen müssen, ehe sie dort ankommen. Die Schlachthöfe in Schweden haben in den letzten Jahrzehnten einen großen Strukturwandel durchlaufen. Heute gibt es über das ganze Land verteilt nur noch rund zehn Stück von ihnen. Deshalb müssen die Tiere über weite Strecken zu ihnen transportiert werden, was hunderte Kilometer und viele Stunden in einem dicht bepackten Lastwagen bedeuten kann, ehe sie schließlich die letzten Schritte bis zu ihrer Tötung gehen. Es ist also nicht verwunderlich, dass ihre Nerven unter höchster Anspannung stehen, wenn sie dort ankommen.

Vieles an einem derartigen Transport ist anstrengend. Zunächst einmal ist das Transportmittel selbst eine Quelle von Stress. Die Tiere werden aus ihrem gewohnten Umfeld in Lastwagen getrieben, in denen es dunkel und ihnen alles unbekannt ist. Starke Gerüche von anderen, oft ebenfalls außerordentlich gestressten Tieren, verstärken das Unbehagen. Nicht selten werden einander unbekannte Tiere von verschiedenen

Höfen auf dem Lkw vermischt, was zu Kämpfen und weiterem Stress führen kann.

Zu allem Überfluss werden viele Tiere leicht seekrank. Schweinen wird auf kurvigen Straßen oft übel, sodass sie sich erbrechen müssen. Zudem ist ihnen heiß, sie sind durstig, und je länger die Reise dauert, desto schlechter geht es ihnen. Es besteht das Risiko, dass die Tiere vollkommen dehydriert, gestresst und überhitzt sind, wenn sie auf dem Schlachthof ankommen. In diesem Zustand gibt es nicht viel Spielraum, um mit der furchteinflößenden Situation zurechtzukommen.

Den Schlachthühnern ergeht es nicht viel besser. Schon die Räumung des Stalls, in dem sie während ihres fünf Wochen langen Lebens herangewachsen sind, ist ein dramatisches Erlebnis. In nur einem einzigen Stall können sich zehntausende von Hühnern befinden und das Ausstallen muss schnell und effektiv vonstattengehen. Zu diesem Zweck verwendet man einen sogenannten Hühnergreifer, eine Maschine, die durch das Meer von Tieren fährt und sie mit rotierenden Gummi-Fangarmen einsammelt. Über ein Laufband werden sie dann in enge Transportboxen verladen, ehe ein Hubwagen sie auf den Lkw stapelt, der sie zu einem der wenigen Hühnerschlachthöfe fährt.

Die Angst, die Tiere zeigen, wenn sie auf dem Schlachthof ankommen, hängt also nicht mit einer angeborenen Angst vor dem Sterben zusammen. Sie haben keine Ahnung davon, was in einer Stunde passieren wird. Doch ihr Entsetzen angesichts dessen, was sie gerade erlebt haben, und die Angst, die sie dort empfinden, reichen völlig aus, um das Ganze zu einem Erlebnis zu machen, das sie in Panik versetzt.

Auf Umwegen zum Ziel

Die in Texas gebürtige Temple Grandin gehört zu den interessantesten Personen in der Welt der Forschung. Sie wurde 1947 geboren, und bereits im Kindesalter wurde bei ihr schwerer Autismus diagnostiziert. Ihre Lehrer waren der Meinung, dass sie nicht in eine normale Schule gehen könne. Mit der Unterstützung verständnisvoller und beharrlicher

Eltern durchlief sie dennoch ihre Schullaufbahn bis zum Ende und promovierte schließlich in Tierwissenschaften, mit dem Verhalten von Haus- und Nutztieren als Spezialgebiet. Es gibt nur wenige Menschen, die mehr als sie dafür getan haben, die Situation von Rindern und Schweinen in den letzten Stunden ihres Lebens zu erleichtern.

Laut Grandin ist ihr Autismus dafür verantwortlich, dass ihre Art zu denken und die Welt zu erleben derjenigen von Tieren sehr ähnlich ist. Sie erklärt, dass auch sie im Hier und Jetzt lebt und hyperempfindlich auf verschiedene Reize reagiert, die die meisten Menschen gar nicht wahrzunehmen vermögen. Als sie als junge, frischgebackene Verhaltensforscherin Schlachthöfe in den USA besuchte, sah sie überall vor Entsetzen gelähmte Tiere. Ihr war, als würde sie selbst deren Angst und Schrecken empfinden, und sie konnte nicht verstehen, wie man sie so gefühllos behandeln konnte. Wenn die Tiere außer sich vor Angst zurückwichen und versuchten, den Gängen, die in das Schlachthaus hineinführten, zu entkommen, drängte man sie mit Schlägen und elektrischen Treibern weiter. Das ist ein Gerät, das man gegen die Haut von Kuh oder Schwein drückt. Das Tier erhält dann einen elektrischen Schlag, der es vorwärtstreibt.

Die schockierte Temple Grandin begann, systemisch daran zu arbeiten, den Umgang mit Tieren vor der Schlachtung zu verbessern. Sie fuhr von einem Schlachthof zum nächsten und nutzte ihre autistische Veranlagung als Werkzeug. Auf allen vieren kroch sie selbst aus den Lkws und folgte dem Weg, den die Tiere gehen sollten. Dabei entdeckte sie Dinge, an die bis dahin niemand gedacht hatte. Furchteinflößende Reflexe in glänzenden Metallteilen, klappernder Lärm von Gattern und Toren. Und nicht zuletzt der grausame unmittelbare Anblick gestresster Tiere weiter vorne im Gang.

Basierend auf ihren eigenen Erfahrungen und ihren Kenntnissen über das Verhalten von Tieren ließ sie einen ganz neuen Gang entwerfen, der die Tiere vom Lastwagen zum Schlachthaus brachte. Auf jegliche glänzenden Elemente war verzichtet worden, alle Gatter und Tore waren so konstruiert, dass sie geräuschlos schlossen. Und vor allem war der

Gang geschwungen, anstelle gerade zu verlaufen. Wenn nun die verängstigten Kühe oder Schweine hineinkamen, sahen sie nur die Tiere direkt vor sich und ihre Umgebung war ansonsten still und ruhig. Das natürliche Verhalten einer aufgescheuchten Kuh sieht vor, dass sie zusammen mit anderen im Kreis läuft, und genau das tun die Kühe in Temple Grandins Schlachtkorridor, während sie sich gleichzeitig vorwärtsbewegen. Die Arbeit der Verhaltensforscherin führte dazu, dass elektrische Treiber beinahe vollständig aus den amerikanischen Schlachthöfen verschwunden sind (in Schweden sind sie bereits seit vielen Jahren verboten) und man das Stresslevel der Tiere radikal senken konnte.

Ob Tiere tatsächlich ähnlich wie Autisten denken und fühlen, wie Temple Grandin es behauptet, sei dahingestellt. Doch niemand kann ihren Scharfblick und ihre Fähigkeit in Zweifel ziehen, sich in die Wahrnehmung einer Kuh oder eines Schweins hineinzuversetzen. Und ihre Arbeit ist ein leuchtendes Beispiel dafür, wie Forschung dazu beitragen kann, das Leben für unsere Nutztiere erträglicher zu gestalten, ehe sie in Nahrungsmittel verwandelt werden.

Tiergerechte Schlachtung

Vor einigen Jahren war ich selbst in ein ganz ähnliches Projekt involviert. Ein Landwirt mit Ambitionen und Weitblick wollte eine Hofschlachterei für seine Schweine bauen. Er zog seine Tiere unter den besten Bedingungen auf, die man sich nur vorstellen kann. Geboren wurden sie in Hütten in der Natur, in denen das Mutterschwein ein Nest gebaut hatte. Sie wurden gesäugt, bis sie selbst das Interesse daran verloren, wuchsen wühlend und grunzend heran und hatten ein echtes Schweineleben. Wenn es aber ans Schlachten ging, musste der Bauer miterleben, dass seine ganze Arbeit innerhalb weniger Stunden zerstört

←

Es ist möglich, Tiere aufzuziehen und zu schlachten, ohne dass sie Angst und Schrecken ausgesetzt werden – wenn man sich nur in ihr Denken hineinversetzt und es sich zugesteht, mit ihnen zu fühlen.

wurde. Nach dem nahezu paradiesisch freien Dasein, das sie während ihres gesamten Aufwachsens erlebt hatten, fanden sie sich plötzlich in eben der Hölle wieder, die das Aufladen, der Transport und das Schlachten in einem großen industriellen Schlachthof impliziert. Der Bauer wollte, dass auch ihre letzten Augenblicke ebenso stressfrei sein sollten, wie ihr Leben es bis dahin gewesen war.

Meine Kollegen und ich wurden hinzugezogen, weil wir viel über das natürliche Verhalten von Schweinen wussten. Sollte es möglich sein, Schweine so zu schlachten, dass sie während des Prozesses überhaupt nicht gestresst werden? Wir bekamen die Chance, die Grundlagen für eine vollkommen neue Hofschlachterei zu schaffen, die direkt neben den Wiesen aufgebaut werden sollte, auf denen die Schweine aufwuchsen.

Das Resultat übertraf schließlich alle Erwartungen. Wenn der Tag gekommen ist, werden die Schweine sanft von der Wiese geführt und spazieren selbstständig die etwa 100 Meter bis zum Tor. Die Umgebung ist ihnen wohlbekannt, keine neuen Gerüche lenken sie ab und keine unbekannten Geräusche verängstigen sie. Wenn die druckluftgetriebenen Tore sich geräuschlos öffnen, gehen im ersten Raum Lampen an. Schweine gehen nicht gern in dunkle Räume, ist ein Raum jedoch erleuchtet, weckt er ihre Neugier und sie gehen von selbst hinein, um ihn zu untersuchen.

Dann werden die Tore leise geschlossen und das Licht im Raum wird langsam heruntergedimmt. Gleichzeitig öffnet sich die nächste Tür lautlos zu einem Korridor, in dem das Licht angeht. Die Schweine bewegen sich instinktiv von der Dunkelheit zum Licht, und sobald sie in den Korridor gelangen, nehmen sie den Duft des Futterautomaten wahr, der sich an dessen Ende befindet. Wenn sie ihren Kopf dort hineinstecken und anfangen, von dem guten Futter zu fressen, wird ihnen ein kräftiger Stromschlag versetzt, der sie im Bruchteil einer Sekunde betäubt. Sie haben keine Gelegenheit, etwas Furchteinflößendes wahrzunehmen, stattdessen sind ihre letzten Minuten von Neugier und Freude darüber geprägt, einen Leckerbissen aufgespürt zu haben.

KÜHE können im Vergleich zu Menschen sowohl tiefere als auch höhere Töne wahrnehmen.

HÄHNE krähen ganz unterschiedlich. Man kann Dutzende von Hähnen in einer Gruppe problemlos durch ihr Krähen voneinander unterscheiden.

SCHAFE haben längliche, beinahe viereckige Pupillen. Diese verschaffen ihnen eine bessere Sicht entlang des Horizonts und erleichtern ihnen das Entdecken von Raubtieren.

Manche FISCHE kommunizieren mithilfe elektrischer Schläge, die sie durch spezielle Organe aussenden. Einige Raubfische können sogar dann das von den Muskelbewegungen eines Beutetiers ausgehende elektrische Feld ausmachen, wenn die Beute sich im Sand versteckt.

Die zwei oberen Eckzähne des EBERS wachsen sein Leben lang und bilden imposante Stoßzähne, die über die Schnauze hinauszeigen. Ihre Größe gibt über sein Alter Auskunft. Die Tiere nutzen sie, um in der Brunstzeit andere Eber und Säue zu beeindrucken.

Es ist also durchaus möglich, Tiere aufzuziehen und zu schlachten, ohne dass sie dabei in Angst und Schrecken versetzt werden. Es gilt nur, sich in sie hineinzuversetzen und mit ihnen zu fühlen.

Mensch und (Nutz-)Tier

Was soll man also tun, wenn man als gewöhnlicher Konsument auf ethisch vertretbares Essen Wert legt? Soll man zum Vegetarier oder sogar Veganer werden? Es gibt viele Gründe, Fleisch aus seiner Ernährung zu streichen, nicht nur die Sorge um die Tiere, aus denen es hergestellt wurde. Unsere intensive Nutztierhaltung wird zu einem gewissen Anteil dafür verantwortlich gemacht, die Klimakrise anzuheizen. Problematisch ist dabei nicht nur der CO_2-Ausstoß der Kühe selbst, sondern auch eine Reihe anderer Aspekte. In Südamerika werden Regenwälder gerodet, um Platz für die Tieraufzucht und den Anbau von Tierfutter zu schaffen. Fossile Brennstoffe werden in großen Mengen dazu verwendet, dieses Futter herzustellen und um die ganze Welt zu transportieren. Allein in Schweden legen Schweine und Rinder auf ihrem Weg zwischen Bauern- und Schlachthöfen über 40 Millionen Kilometer jährlich in dieselbetriebenen Lkws zurück.

Gleichzeitig sind die Tiere auch ein Teil unserer Geschichte und die Grundlage unserer Zivilisation. Ohne Tiere wären die ländlichen Gebiete arm und unsere Landschaft trostlos. Schwein, Kuh, Huhn und Schaf existieren ja zumeist überhaupt nur, um uns als Nahrungsquelle zu dienen. Würden sich also alle gegen den Konsum von Fleisch entscheiden, würden unser Leben und unsere Umwelt radikal verarmen.

Natürlich muss jeder für sich Stellung dazu beziehen, was er essen möchte. Doch unabhängig davon, wofür oder wogegen man sich entscheidet, ist Wissen vonnöten. Wir wissen jetzt, dass das Kotelett auf unserem Teller eben noch der Rückenmuskel eines Schweins war, das es liebte, in der Erde zu wühlen, das die Gesellschaft anderer genoss, seine Umwelt mit Neugier und unerschöpflichem Interesse betrachtete und außerdem Gefühle hatte, die sich gar nicht so sehr von unseren eigenen unterscheiden. Dieses Wissen sollte zum Nachdenken und zu Respekt anregen. Und möglicherweise erleichtert es einem ja auch die Entscheidung, nur etwas mehr Geld auszugeben, damit der Bauer das Leben seiner Tiere erträglicher gestalten kann.

Was kann ich tun?

Die Umstellung von einem einfachen und armen bäuerlich geprägten Schweden, in dem nahezu alle Einwohner in die Landwirtschaft involviert waren, auf die industrialisierte Gesellschaft von heute, in der weniger als 1 % der Bevölkerung Essen für die übrigen 99 % produziert, ist wahnsinnig schnell gegangen. Innerhalb weniger Jahrzehnte ist der Konsument der Produktion seiner Nahrungsmittel auf eine Art und Weise entfremdet worden, wie wir sie in den 10.000 Jahren, seit wir Nutztiere halten, noch nie gesehen haben. Und schon denken wir, dass das, was wir um uns herum beobachten, normal ist - so, wie es sein soll. Das Fleisch soll billig sein und die Tiere werden am besten mit Lkws zur Schlachtung gefahren.

Tatsächlich müssen Tiere nicht auf Laster geladen und zu einem weit entfernten Schlachthof gefahren werden. Man kann kleine Schlachtereien auf den Höfen betreiben. Es ist auch möglich, die Schlachthöfe zu den Tieren zu bringen - mobile Schlachthöfe gibt es schon.

Fleisch muss auch tatsächlich nicht von Jahr zu Jahr billiger werden. Der Preis eines Hühnchens ist beispielsweise in den vergangenen 50 Jahren um drei Viertel gesunken. Es gibt keine Naturgesetze, die besagen, dass das so sein muss.

Wir müssen auch tatsächlich nicht an jedem einzelnen Tag Fleisch essen. Wir essen jetzt nahezu 90 Kilogramm Fleisch pro Jahr. Vor etwa 50 Jahren lagen wir mit etwa 50 Kilogramm noch bei rund der Hälfte. Wir haben uns daran gewöhnt - doch Gewohnheiten lassen sich ändern. Es muss nicht so bleiben, wie es ist. Wir entscheiden selbst, was wir essen möchten, und das gibt uns die Macht, das Leben unserer Nutztiere zu verändern.

REFERENZEN

EIN GESPÜR FÜR TIERE

Broom, D.M., 2010. Cognitive ability and awareness in domestic animals and decisions about obligations to animals. Applied Animal Behaviour Science 126, 1–11.

Diamond, J., 2002. Evolution, consequences and future of plant and animal domestication. Nature 418, 700–707.

Faragó, T., Takács, N., Miklósi, Á., Pongrácz, P., 2017. Dog growls express various contextual and affective content for human listeners. Royal Society Open Science 4, 170134.

Koster, J., 2011. Hypothetical rankings of prospective husbands for female kin in lowland Nicaragua: consensus analysis indicates high agreement and associations with wealth and hunting skill. Evolution and Human Behavior 32, 356–363.

Jordbruksverkets statistikdatabas: http://www.jordbruksverket.se/webdav/files/SJV/Amnesomraden/Statistik,%20fakta/Livsmedel/JO44SM1601/

Världshälsoorganisationen om antibiotikaresistens: http://www.who.int/mediacentre/factsheets/fs194/en/

ZU BESUCH IN DER TIERWELT

Begall, S., Cerveny, J., Neef, J., Vojtech, O., Burda, H., 2008. Magnetic alignment in grazing and resting cattle and deer. Proc. Natl. Acad. Sci. U.S.A. 105, 13451–13455.

Brendler, C., Kipper, S., Schrader, L., 2014. Vigilance and roosting behaviour of laying hens on different perch heights. Applied Animal Behaviour Science 157, 93–99.

Gläser, N., Kröger, R.H.H., 2017. Variation in rhinarium temperature indicates sensory specializations in placental mammals. Journal of Thermal Biology 67, 30–34.

Heffner, R.S., Heffner, H.E., 1990. Hearing in domestic pigs (Sus scrofa) and goats (Capra hircus). Hearing Research 48, 231–240.

Jacobs, G.H., 1983. Colour vision in animals. Endeavour 7, 137–140.

Karlsson, A.C., Jensen, P., Elgland, M., Laur, K., Fyrner, T., Konradsson, P., Laska, M., 2010. Red junglefowl have individual body odors. Journal of Experimental Biology 213, 1619–1624.

Olsson, I.A.S., Keeling, L.J., 2000. Night-time roosting in laying hens and the effect of thwarting access to perches. Applied Animal Behaviour Science 68, 243–256.

Olsson, I.A.S., Keeling, L.J., 2002. The push-door for measuring motivation in hens: laying hens are motivated to perch at night. Anim Welfare 11, 11–19.

MIT DEN TIEREN IM GESPRÄCH

Algers, B., Jensen, P., 1985. Communication during suckling in the domestic pig. Effects of continuous noise. Applied Animal Behaviour Science 14, 49–61.

Anderson, C., Yngvesson, J., Boissy, A., Uvnäs-Moberg, K., Lidfors, L., 2015. Behavioural expression of positive anticipation for food or opportunity to play in lambs. Behavioural Processes 113, 152–158.

Briefer, E.F., 2012. Vocal expression of emotions in mammals: mechanisms of production and evidence. Journal of Zoology 288, 1–20.

Deakin, A., Browne, W.J., Hodge, J.J.L., Paul, E.S., Mendl, M., 2016. A Screen-peck task for investigating cognitive bias in laying hens. PLoS ONE 11, e0158222.

Dixon, L.M., Brocklehurst, S., Sandilands, V., Bateson, M.,

Tolkamp, B.J., D'Eath, R.B., 2014. Measuring motivation for appetitive behaviour: Food-restricted broiler breeder chickens cross a water barrier to forage in an area of wood shavings without food. PLoS ONE 9, e102322.

Düpjan, S., Tuchscherer, A., Langbein, J., Schön, P.-C., Manteuffel, G., Puppe, B., 2011. Behavioural and cardiac responses towards conspecific distress calls in domestic pigs (Sus scrofa). Physiology & Behavior 103, 445–452.

Karakashian, S. J., Gyger, M., & Marler, P., 1988. Audience effects on alarm calling in chickens (Gallus gallus). Journal of Comparative Psychology 102, 129-135.

Keyserlingk, von, M.A.G., Amorim Cestari, A., Franks, B., Fregonesi, J.A., Weary, D.M., 2017. Dairy cows value access to pasture as highly as fresh feed. Scientific Reports 7, 44953.

Leliveld, L.M.C., Düpjan, S., Tuchscherer, A., Puppe, B., 2017. Vocal correlates of emotional reactivity within and across contexts in domestic pigs (Sus scrofa). Physiology & Behavior 181, 117–126.

Mendl, M., Burman, O.H.P., Parker, R.M.A., Paul, E.S., 2009. Cognitive bias as an indicator of animal emotion and welfare: Emerging evidence and underlying mechanisms. Applied Animal Behaviour Science 118, 161–181.

Manteuffel, G., Puppe, B., Schön, P.-C., 2004. Vocalization of farm animals as a measure of welfare. Applied Animal Behaviour Science 88, 163–182.

Mason, G.J., Cooper, J., 2001. Frustrations of fur-farmed mink. Nature 410, 35–36.

Moe, R.O., Nordgreen, J., Janczak, A.M., Bakken, M., Spruijt, B.M., Jensen, P., 2014. Anticipatory and foraging behaviors in response to palatable food reward in chickens: effects of dopamine D2 receptor blockade and domestication. Physiology & Behavior 133, 170–177.

Neave, H.W., Daros, R.R., Costa, J.H.C., Keyserlingk, von, M.A.G., Weary, D.M., 2013. Pain and Pessimism: Dairy calves exhibit negative judgement bias following hot-iron disbudding. PLoS ONE 8, e80556.

Nawroth, C., Ebersbach, M., Borell, von, E., 2013. Are juvenile domestic pigs (Sus scrofa domestica) sensitive to the attentive states of humans? – The impact of impulsivity on choice behaviour. Behavioural Processes 96, 53–58.

Nawroth, C., Ebersbach, M., Borell, von, E., 2013. Juvenile domestic pigs (Sus scrofa domestica) use human-given cues in an object choice task. Animal Cognition 17, 701–713.

Pajor, E.A., Rushen, J., de Passillé, A.M.B., 2003. Dairy cattle's choice of handling treatments in a Y-maze. Applied Animal Behaviour Science 80, 93–107.

Rushen, J., Taylor, A.A., de Passillé A.M.,1999. Domestic animals' fear of humans and its effect on their welfare. Applied Animal Behaviour Science 65, 285–303.

Rushen, J., De Passille, A., Munksgaard, L., 1999. Fear of people by cows and effects on milk yield, behavior, and heart rate at milking. Journal of Dairy Science 82: 720–727.

Watts, J.M. & Stookey, J.M., 2000. Vocal behaviour in cattle: the animal's commentary on its biological processes and welfare. Applied Animal Behaviour Science,15–33.

Wilson, D.R., 2011. Fowl communicate the size, speed and proximity of avian stimuli through graded structure in referential alarm calls. Animal Behaviour, 83: 535–544.

WER BIST DU, WER BIN ICH?

Abeyesinghe, S.M., McLeman, M.A., Owen, R.C., 2009. Investigating social discrimination of group members by laying hens. Behavioural Processes 81, 1–13.

Campderrich, I., Liste, G., Estevez, I., 2017. The looks matter; aggression escalation from changes on phenotypic appearance in the domestic fowl. PLoS ONE 12, e0188931.

da Costa, A.P. et al., 2004. Face pictures reduce behavioural, autonomic, endocrine and neural indices of stress and fear in sheep.

Proceedings of the Royal Society B: Biological Sciences, 271, 2077–2084.

D'Eath, R.B., Keeling, L.J., 2003. Social discrimination and aggression by laying hens in large groups: from peck orders to social tolerance. Applied Animal Behaviour Science 84, 197–212.

Kendrick, K.M. et al., 1996. Are faces special for sheep? Evidence from facial and object discrimination learning tests showing effects of inversion and social familiarity. Behavioural Processes 38, 19–35.

Kendrick, K.M. et al., 2001. Sheep don't forget a face. Nature 414, 165–166.

Kendrick, K.M., 2006. Brain asymmetries for face recognition and emotion control in sheep. Cortex 42, 96–98

Knolle, F., Goncalves, R.P., Morton, A.J., 2017. Sheep recognize familiar and unfamiliar human faces from two-dimensional images. Royal Society Open Science 4, 171228.

MEINE GEFÜHLE UND ICH

Broom, D.M., Sena, H., Moynihan, K.L., 2009. Pigs learn what a mirror image represents and use it to obtain information. Animal Behaviour 78, 1037–1041.

Edgar, J.L., Lowe, J.C., Paul, E.S., Nicol, C.J., 2011. Avian maternal response to chick distress. Proceedings of the Royal Society B 278: 3129–3134.

Edgar, J.L., Nicol, C.J., Clark, C.C.A., Paul, E.S., 2012. Measuring empathic responses in animals. Applied Animal Behaviour Science 138, 182–193.

Edgar, J.L., Paul, E.S., Nicol, C.J., 2013. Protective mother hens: cognitive influences on the avian maternal response. Animal Behaviour 86, 223–229.

Horowitz, A., 2017. Smelling themselves: Dogs investigate their own odours longer when modified in an »olfactory mirror« test. Behavioural Processes 143, 17–24.

Marino, L., Colvin, C.M., 2015. Thinking pigs: A comparative review of cognition, emotion, and personality in *Sus domesticus*. International Journal of Comparative Psychology 28, 1–23.

Veit, A., Wondrak, M., Huber, L., 2017. Object movement re-enactment in free-ranging Kune Kune piglets. Animal Behaviour 132, 49–59

Oostindjer, M., Bolhuis, J.E., Mendl, M., Held, S., van den Brand, H., Kemp, B., 2011. Learning how to eat like a pig: effectiveness of mechanisms for vertical social learning in piglets. Animal Behaviour 82, 503–511.

Reimert, I., Bolhuis, J.E., Kemp, B., Rodenburg, T.B., 2015. Emotions on the loose: emotional contagion and the role of oxytocin in pigs. Animal Cognition 18, 517–532.

WIR LIEBEN UNSERE KLEINEN

Andersson, A., Aanismaa, R., Huusko, J., Jensen, P., 2011. Behaviour of European wild boar (Sus scrofa) in connection with farrowing in an enclosure. Mammalian Biology – Zeitschrift für Säugetierkunde 76, 332–338.

Anderson, C., Yngvesson, J., Boissy, A., Uvnäs-Moberg, K., Lidfors, L., 2015. Behavioural expression of positive anticipation for food or opportunity to play in lambs. Behavioural Processes 113, 152–158.

Castrén, H., Algers, B., de Passillé, A.M., Rushen, J., Uvnäs-Moberg, K., 1994. Nest building in sows in relation to hormone release. Applied Animal Behaviour Science 40, 74–75.

Daros, R.R., Costa, J., von Keyserlingk, M., Hötzel, M.J., Weary, D., 2014. Separation from the dam causes negative judgement bias in dairy calves. PLoS ONE 9, e98429.

Ekesbo, I., 1973. Animal health, behaviour and disease prevention in different environments in modern Swedish animal husbandry. Veterinary Record 93, 36–39

Flower, F.C., Weary, D., 2003. The effects of early separation on the dairy cow and calf. Animal Welfare 12: 339-348.

Held, S.D.E., Spinka, M., 2011. Animal play and animal welfare. Animal Behaviour 81, 891–899.

Hopster, H., O'Connell, J.M., Blokhuis, H.J., 1995. Acute effects of cow-calf separation on heart rate, plasma cortisol and behaviour in multiparous dairy cows. Applied Animal Behaviour Science 44, 1–8.

Jarvis, S., Van der Vegt, B.J., Lawrence, A.B., McLean, K.A., Deans, L.A., Chirnside, J., Calvert, S.K., 2001. The effect of parity and environmental restriction on behavioural and physiological responses of pre-parturient pigs. Applied Animal Behaviour Science 71, 203–216.

Jensen, P., Vestergaard, K., Algers, B., 1993. Nestbuilding in free-ranging domestic sows. Applied Animal Behaviour Science 38, 245–255.

Johnsen, J.F., de Passille, A.M., Mejdell, C.M., Bøe, K.E., Grøndahl, A.M., Beaver, A., Rushen, J., Weary, D.M., 2015. The effect of nursing on the cow-calf bond. Applied Animal Behaviour Science 163, 50–57.

Marchant-Ford, J.N., Marchant-Ford, R.M., Weary, D.M., 2002. Responses of dairy cows and calves to each other's vocalisations after early separation. Applied Animal Behaviour Science 78, 19–28.

Nicol, C.J., Pope, S.J., 1996. The maternal feeding display of domestic hens is sensitive to perceived chick error. Animal Behaviour 52, 767–774.

Nordquist, R.E., Zeinstra, E.C., Rodenburg, T.B., van der Staay, F.J., 2013. Effects of maternal care and selection for low mortality on tyrosine hydroxylase concentrations and cell soma size in hippocampus and nidopallium caudolaterale in adult laying hen. Journal of Animal Science 91, 137–146.

Roden, C., Wechsler, B., 1998. A comparison of the behaviour of domestic chicks reared with or without a hen in enriched pens. Applied Animal Behaviour Science 55, 317–326.

Rygula, R., Pluta, H., Popik, P., 2012. Laughing rats are optimistic. PLoS ONE 7, e51959.

Weary, D.M., Chua, B., 2000. Effects of early separation on the dairy cow and calf: 1. Separation at 6 h, 1 day and 4 days after birth. Applied Animal Behaviour Science 69, 177–188.

JEDER IST ANDERS

Brunberg, E.I., Rodenburg, T.B., Rydhmer, L., Kjaer, J.B., Jensen, P., Keeling, L.J., 2016. Omnivores going astray: A review and new synthesis of abnormal behavior in pigs and laying hens. Frontiers in Veterinary Science 3, 303–15.

Dawkins, M.S., 1989. Time budgets in Red Junglefowl as a baseline for the assessment of welfare in domestic fowl. Applied Animal Behaviour Science 24, 77–80.

Garnham, L., Løvlie, H., 2018. Sophisticated Fowl: The Complex Behaviour and Cognitive Skills of Chickens and Red Junglefowl. Behavioral Sciences 8, 13. Doi: 10.3990/bs8010013.

Gentle, M.J., Waddington, D., Hunger, L.N., Jones, R.B. 1990. Behavioural evidence for persistent pain following partial beak amputation in chickens. Applied Animal Behaviour Science 27, 149–157.

Gosling, S.D., 2008. Personality in non-human animals. Social and Personality Psychology Compass 2, 985–1001.

Hedlund, L., Løvlie, H., 2015. Personality and production: Nervous cows produce less milk. Journal of Dairy Science 98, 5819–5828.

Herskin, M.S., Thodberg, K., Jensen, H.E., 2015. Effects of tail docking and docking length on neuroanatomical changes in healed tail tips of pigs. Animal 9, 677–681.

Marino, L., Colvin, C.M., 2015. Thinking pigs: A comparative review of cognition, emotion, and personality in *Sus domesticus*. International Journal of Comparative Phsychology 28, 1–22.

Schütz, K.E., Jensen, P., 2001. Effects of resource allocation on behavioural strategies: a comparison of red junglefowl (Gallus gallus) and two domesticated breeds of poultry. Ethology 107, 753–765.

Stolba, A., Wood-Gush, D.G., 1984. The identification of behavioural key features and their incorporation into a housing design for pigs. Ann. Rech. Vet. 15, 287–299.

DIE FREUDE AM LERNEN

Briefer, E.F., Haque, S., Baciadonna, L., McElligott, A.G., 2014. Goats excel at learning and remembering a highly novel cognitive task. Frontiers in Zoology 2014 11:1 11, 20.

Hagen, K., Broom, D.M., 2004. Emotional reactions to learning in cattle. Applied Animal Behaviour Science 85, 203–213.

Manteuffel, G., Langbein, J., Puppe, B., 2009. Increasing farm animal welfare by positively motivated instrumental behaviour. Applied Animal Behaviour Science 118, 191–198.

Manteuffel, G., Mannewitz, A., Manteuffel, C., Tuchscherer, A., Schrader, L., 2010, Social hierarchy affects the adaption of pregnant sows to a call feeding learning paradigm. Applied Animal Behaviour Science 128, 30–36.

Pepperberg, I.M., 2012. Further evidence for addition and numerical competence by a Grey parrot (*Psittacus erithacus*). Animal Cognition 15, 711–717.

Rugani, R., Regolin, L., Vallortigara, G., 2011. Summation of large numerousness by newborn chicks. Frontiers in Psychology 2, 179.

Rugani, R., Vallortigara, G., Regolin, L., 2013. Numerical abstraction in young domestic chicks (Gallus gallus). PLoS ONE 8, e65262.

Rugani, R., Vallortigara, G., Priftis, K., Regolin, L., 2015. Number-space mapping in the newborn chick resembles humans' mental number line. Science 347, 534–536.

Rugani, R., McCrink, K., de Hevia, M.-D., Vallortigara, G., Regolin, L., 2016. Ratio abstraction over discrete magnitudes by newly hatched domestic chicks (Gallus gallus). Scientific Reports 6, 30114.

UNTER DER OBERFLÄCHE

Agrillo, C., Piffer, L., Bisazza, A., Butterworth, B., 2012. Evidence for two numerical systems that are similar in humans and guppies. PLoS ONE 7, e31923.

Allen, C., 2011. Fish cognition and consciousness. Journal of Agricultural and Environmental Ethics 26, 25–39.

Braithwaite, V.A., Boulcott, P., 2007. Pain perception, aversion and fear in fish. Diseases of Aquatic Organisms 75, 131–138.

Brown, C., Laland, K.N., 2003. Social learning in fishes: a review. Fish and Fisheries 4, 280–288.

Folkedal, O., Stien, L.H., Torgersen, T., Oppedal, F., Olsen, R.E., Fosseidengen, J.E., Braithwaite, V.A., Kristiansen, T.S., 2012. Food anticipatory behaviour as an indicator of stress response and recovery in Atlantic salmon post-smolt after exposure to acute temperature fluctuation. Physiology & Behavior 105, 350–356.

Kittilsen, S., Schjolden, J., Beitnes-Johansen, I., Shaw, J.C., Pottinger, T.G., Sørensen, C., Braastad, B.O., Bakken, M., Overli, O., 2009. Melanin-based skin spots reflect stress responsiveness in salmonid fish. Hormones and Behavior 56, 292–298. doi:10.1016/j.yhbeh.2009.06.006

TOD IM TOPF

Appleby, R., Smith, B., Jones, D., 2013. Observations of a free-ranging adult female dingo (Canis dingo) and littermates' responses to the death of a pup. Behavioural Processes 96, 42–46.

Bekoff, M., 2000. Animal emotions: Exploring passionate natures. BioScience 50, 861–870.

Grandin, T., 2006. Progress and challenges in animal handling and slaughter in the U.S. Applied Animal Behaviour Science 100, 129–139.

Hall, S.J.G., Bradshaw, R.H., 2010. Welfare aspects of the transport by road of sheep and pigs. Journal of Applied Animal Welfare Science 1, 235–254.

McGrath, N., Walker, J., Nilsson, D., Phillips, C., 2013. Public attitudes towards grief in animals. Animal Welfare 22, 33–47.

Terlouw, E.M.C., Boissy, A., Blinet, P., 1998. Behavioural responses of cattle to the odours of blood and urine from conspecifics and to the odour of faeces from carnivores. Applied Animal Behaviour Science 57, 9–21.

NATIONAL GEOGRAPHIC

Wie Tiere fühlen

Verantwortlich: Susanne Caesar
Übersetzung aus dem Schwedischen: Britta Bettendorf
Lektorat: Susanne Döllner
Korrektorat: Constanze Lüdicke
Satz: satz & repro Grieb, München
Umschlagadaption: Leeloo Molnar
Herstellung: Bettina Schippel
Printed in Slovenia by Florjancic

Sind Sie mit diesem Titel zufrieden? Dann würden wir uns über Ihre Weiterempfehlung freuen. Erzählen Sie es im Freundeskreis, berichten Sie Ihrem Buchhändler oder bewerten Sie bei Onlinekauf. Und wenn Sie Kritik, Korrekturen, Aktualisierungen haben, freuen wir uns über Ihre Nachricht an NG Buchverlag GmbH, Postfach 40 02 09, D-80702 München oder per E-Mail an lektorat@verlagshaus.de.

Unser komplettes Programm finden Sie unter

www.nationalgeographic-buch.de

In diesem Buch wird aus Gründen der besseren Lesbarkeit das generische Maskulinum verwendet. Weibliche und andere Geschlechteridentitäten werden dabei ausdrücklich mitgemeint, soweit es für die Aussage erforderlich ist.

Die Deutsche Nationalbibliothek verzeichnet diese Publikation in der Deutschen Nationalbibliografie; detaillierte bibliografische Daten sind im Internet über http://dnb.dnb.de abrufbar.

Die schwedische Originalausgabe mit dem Titel *Djurens känslor* erschien erstmals 2018 bei Natur & Kultur, Stockholm, Schweden.

Layout: Kristin Lidström
Fotografie: Linda Prieditis mit Ausnahme von: S. 156–157, 161 und 170 Jakob Dahlström
Redaktion: Elisabeth Fock

ISBN 978-3-86690-761-4

Seit ihrer Gründung 1888 hat sich die National Geographic Society weltweit an mehr als 13.000 Expeditionen, Forschungs- und Schutzprojekten beteiligt. Die Gesellschaft erhält Fördermittel von National Geographic Partners LLC, unterstützt unter anderem durch Ihren Kauf. Ein Teil der Einnahmen dieses Buches hilft uns bei der lebenswichtigen Arbeit zur Bewahrung unserer Welt. Das legendäre NATIONAL GEOGRAPHICMagazin erscheint monatlich. Darin veröffentlichen namhafte Fotografen ihre Bilder und renommierte Autoren berichten aus nahezu allen Wissensgebieten der Welt. National Geographic im TV ist ein Premium-Dokumentationssender, der ein informatives und unterhaltsames Programm rund um die Themen Wissenschaft, Technik, Geschichte und Weltkulturen bereithält. Falls Sie mehr über National Geographic wissen wollen, besuchen Sie unsere Website unter
www.nationalgeographic.de.

Per Jensen mit seinen dänisch-schwedischen Farmhunden Majken und Nisse. Zwei Tiere derselben Rasse, unterscheiden sie sich hinsichtlich Gefühlsleben und Persönlichkeit jedoch sehr.